岩波現代全書

071

ぼくらの哀しき超兵器

Gendai Izensho
岩波現代全書
071

ぼくらの哀しき超兵器

軍事と科学の夢のあと

植木不等式
Futoshiki Ueki

序　ロッパとシュペーアと高周波爆弾

終末《ラグナロク》の時がやって来た。神々の黄昏が訪れた。国土は灼《や》かれ、兵は死に、現世と冥界の距離が近づいた。ひとりひとりの生きる世界が、世界そのものであるならば、世界の終わりは指呼の間にあった。第二次世界大戦末期、自業自得の枢軸国は、のたうつ巨竜のように最期の痙攣を続けていた。いまだバイタルサインはあったが、それは日増しに弱くなっていった。鉤十字《ハーケンクロイツ》は死の十字《トーテンクロイツ》に変じ、白地を赤黒く染めるのは死傷した人々の血液だった。

全面的なシステムダウンが間近に迫っていた。これからまだ、何十万ものヒトが死ななくてはならない。でも……。絶望的な戦況の中で、空襲に追われながら、少なからぬ人々がなお挽回の希望を抱いていた。その希望は、ひとつの形をとる——超兵器、あるいはすべての桎梏を薙ぎ払う起死回生の理念《イデア》。

南の要衝サイパンが陥落し、東京首都圏が米空軍の爆撃レンジに入り、警報のサイレンと高射砲の音が日常茶飯事になりつつあった１９４４年12月30日、喜劇俳優の古川ロッパ（１９０３〜１９６１）は知り合いの作家からこんな話を聞いた。「正月五日頃に大戦果が発表される。何しろ米本土空襲だ。これで世間は明るくなる」。ロッパは続けて、日記に書いた。

「先日、新兵器による——無人機的空襲——敵本土襲撃の話きいたが、さてはそれが本当だったか、と嬉しい。人間は、まことに一喜一憂の動物だ、その一言で、すっかり元気づいてしまった。神よ、と心に手を合わせる。やっつけて呉れ！　そして勝って呉れ！　世間の悲観論をふっとばして呉れ」

男爵家に生まれ、早稲田大学英文科で学び、文藝春秋社や東京日日新聞社（現在の毎日新聞）で映画評に健筆を振るい、持ち前の芸才から喜劇役者に転じて大成功を収めたロッパは、軍国主義者ではまったくなく、出し物への官憲の口出しを常々いまいましく思っていた。そんな彼も、状況を一変させる新兵器への期待に、心を躍らせた。

1月5日が過ぎても、大戦果は伝えられなかった。かわりに、フィクションの世界で〈新兵器もの〉が大当たりを取った。ロッパらが主演し、1月25日に公開された映画『勝利の日まで』は、長距離ロケット爆弾を描いたSF作品だった。ただし、搭載されるのは当時の喜劇界の人気をロッパと競った榎本健一（エノケン）や高勢実乗《たかせみのる》をはじめとするコメディアンたち。女優の原節子や、オペラ歌手・藤原義江も積み込まれた。目標は前線の味方基地。彼らはテレビ電話で本国の研究所と連絡を取りつつ、着弾とともに現れて現地の兵士を慰労するための芸や歌を披露する。海軍の注文で作られたこの破れかぶれな映画は、娯楽に飢えていた人々の心をとらえ、映画館には長蛇の列ができた。

破れかぶれの帝国が繰り出していた現実の新兵器は、無力で、無残だった。ロッパらが聞いた噂の源は、気球に爆弾を積んで米本土を空襲する秘密兵器、いわゆる風船爆弾だった可能性がある。1944年11月に運用が開始された風船爆弾は、1万発弱が太平洋岸から放球され、ジェット気流に乗って一路米国を目指した。戦果はなかった。オレゴン州で、遠足中の子供5人と引率の女性1人の命を奪っただけだった。

「我々ハ此ノ決戰兵器ニ對シテ、或ハ又科學技術ノ總動員ニ對シテ、非常ナ期待ヲ此ノ戰局ノ局面ヲ展開スル爲ニ持ツノデアリマス」

『勝利の日まで』公開前日の1945年1月24日、開会中の第86帝国議会衆議院予算委員会で、後に首相となる三木武夫議員は、そう語りながら新兵器開発について政府側の所信を質した。答弁に立った政府委員は、戦時科学動員の責任者たる技術院総裁に任命されていた八木秀次だった。八木・宇田アンテナの開発で知られ、東北帝大教授、東京工業大学学長を歴任した科学界の重鎮は、登壇して辛そうに述べた。

「只今決戰兵器ト云フ御尋ネガゴザイマシタガ、必死必中ト云フコトガ申サレマスルガ、必死デナクテ必中デアルト云フ兵器ヲ生ミ出シタイコトハ、我々豫テノ念願デアリマシタガ、是ガ戰場ニ於テ十分ニ活躍致シマスル前ニ、戰局ハ必死必中ノアノ神風特攻隊ノ出動ヲ俟タナケレバナラナクナツタコトハ、技術當局ト致シマシテ洵ニ遺憾ニ堪ヘナイ、慚愧ニ堪ヘナイ所デ、全ク申譯ナイコトト考ヘテ居リマス」

南の空で、特別攻撃は続いていた。基地でレシーバーを耳にする通信員たちは、攻撃機の無線の「ツー」という最後の音を聴いていた。押されたままの電鍵の音が途絶えたときに、電気的なデータと死は等価となった。

八木は続けて、科学者、技術者たちが献身的な努力をしていることを訴えた。

「三木君ノ申サレマシタ日本人ノ智能ノ力、科學技術ノ力ト云フモノコソ、眞ニ今後此ノ敵ヲ撃滅スル最善ノ武器デアルト信ジテ居リマス、(拍手)遺憾ナガラ是ノ發揮ガ聊カ遲レマシタ爲ニアノ尊イ若人、多數ノ命ヲ投出シテ戴キマシタコトニ對シテハ、眞ニ慚愧ニ堪ヘナイ所デゴザイマス(拍手)我々科學技術ニ携ハリマス全國數萬ノ者ノ心ニハ、同ジ感ジガ漲ツテ居ルト信ジマシテ、今後急速ニ戰力トシテ現ハレテ來ルコトヲ固ク信ズルモノデアリマス(拍手)」

彼の率直な言葉に、議場では盛んに拍手が湧いたが、それで何が変わるわけでもなかった。共栄圏内への空襲は続き、日本軍は押され続けた。

「考へちまふなア、戦争!」

ロッパは2月4日の日記で慨嘆し、自分の人生と仕事を見つめ直した。こうなれば、一日一日を嚙みしめて生きよう。娯楽という自分の職域で、演劇その他の枠にとらわれない「娯楽のエッセンス」を生み出そう。「それが、われらの科学兵器だ」。

1ヶ月ちょっとして、東京は大空襲で焼け野が原になり、10万人が死んだ。その頃から、人々は科学に頼らない新たな防空方法に熱心になった。「赤飯とラッキョウを一緒に食べる」「ラッキョウだけで他のおかずなしで飯を食べる」「ラッキョウがなければ梅干を1個食べる」または「金魚を拝む」。すると爆弾に当たらない。こうしたまじないが、東京はじめ各地で盛んにささやかれた。松山市では、半人半牛の妖怪「件《くだん》」が神戸地方で生まれて、「自分の話を聞いた者はこれを信じて3日以内に小豆飯か「おはぎ」を食べれば空襲被害を免れると言ったそうだ」という噂が流れた。耳にした憲兵は、この話を知人たちにしていた27歳の職工にとりあえず説教をしたが、それ以外にやれることはなかった。

ロッパも、やがて空襲除けの験《げん》を担いでお決まりにしたネクタイを締めるようになった。

＊　＊

「あまりにも低き文化の日本である。これでは神の怒りにふれるのも止むを得まいではないか」

1945年4月11日、夜の東京で自転車にぶつかられた上に怒鳴られたロッパが、そんなムカっ腹の八つ当たりを日記にぶつけていた頃、東西から連合軍が迫るベルリンでは、彼より1歳半ほど年下の軍需相アルベルト・シュペーア（1905〜1981）が、思案投げ首で上司を見つめていた。やはり八つ当たりしたかったかもしれないが、それはできなかった。面前の上司アドルフ・ヒトラーは、滅びかけているとはいえ、いまだ帝国の最高責任者だった。

建築家としてヒトラーに気に入られ、首都建設総監を務めたシュペーアは、戦争中に前任者が事故死したため軍需相に抜擢されていた。ヒトラーを「総統」と呼ばずに「シェフ」（Chef＝チーフ）と呼べる側近のひとりだったが、テクノクラートとして働いた彼は、理念を掲げた狂信的なナチではなく、状況に応じて行動するリアリストだった。その日、シュペーアは宣伝省から、国民に向けて抗戦の意志を鼓舞するラジオ演説の録音を依頼されていた。彼はこんな原稿を用意していた。

「戦士の代わりになる超兵器の出現を信ずるのは、間違いです！（Es ist irrig, an das Erscheinen von Wunderwaffen zu glauben, die durch ihre Wirkung den Einsatz des Kämpfers ersetzen können!）」

敗戦を見越していたシュペーアは、継戦ではなく戦後復興を射程に置いた行動を国民にさりげなく促す腹だった。用心深い彼は、放送用原稿とは別に表現を和らげた見本原稿を事前に提出していた。だが録音が始まる直前に、ヒトラーから官邸地下の防空壕に呼ばれた。一緒にお茶を飲みながら、眼鏡をかけて鉛筆を握ったヒトラーは、現今の危急も何のその、シュペーアに「ここは余分じゃないかね」などと言いながら原稿の添削に打ち込み、結局、放送はお流れとなった。

シュペーアの語ろうとしたことは、宣伝相ヨゼフ・ゲッベルスの発言と真っ向から対立するものだった。ゲッベルスは1945年2月28日のラジオ放送で、超兵器がまもなく戦況をひっくり返すと述べて、なけなしの期待を鼓舞していた。そもそも超兵器、または驚異の兵器(Wunderwaffen)という言葉は、敗色が見え始めた時点で政府が率先して使い始めたものだった。独ソ戦の転換点となった1943年2月のスターリングラードでの敗北からしばらくして、ゲッベルスはこの語をスピーチに織り込んだ。それは、同月18日の、国民に奮起を呼び掛けた演説「諸君は総力戦を望むか？(Wollt ihr den totalen Krieg?)」ほどには熱狂的な反応を呼ばなかったが、人々はヴンダーヴァッフェンという言葉を胸に刻み込んだ。

出現すればたちまち勝利へ。それは一種の弥勒信仰にも似ていた。そして弥勒は遅刻した。超兵器はなかなか登場しなかった。ドイツ軍は後退を重ね、米英軍の空爆は都市を焼き、ドイツ本土から生存圏から逸脱し始めた。国民社会主義と戦争に飽き飽きしていた人々は、Wunderwaffen を略して、とんまな語感のする「ヴーヴァ(Wuwa)」と呼び始めた。「ヴーヴァはどうなったんですかな(Wo bleibt die Wuwa?)」というのが、秘密と皮肉を愛するベルリンっ子の流行り言葉になった。

ヴーヴァの語は被占領地域の人々にも伝わった。亡命ユダヤ系ドイツ人のアンネ・フランクは、

1944年6月27日の日記に書いた。「ヴーヴァがしゃかりきになってても、そいつのうなりはイギリスにいくらか被害を出したのと、糞たれなドイツ人どもの新聞をしゃかりきにさせたくらいじゃないの？（Wel is de Wuwa in volle actie, maar wat beduidt zo'n sisser anders dan wat schade in Engeland en volle kranten bij de moffen?）」

フランクはアムステルダムの隠れ家の中で、戦争の推移をかなり正確に把握していた。彼女は、ドイツ軍が同月13日に実戦投入したジェット推進ミサイルV-1について語っていた。1944年9月8日、より「驚異の兵器」にふさわしい世界最初の宇宙空間を飛ぶ弾道ロケットミサイルV-2がロンドンに向けて発射されたときには、もはや日記は書けなかった。そのとき彼女は、アウシュヴィッツ＝ビルケナウ強制収容所にいた。

V-1は戦況の転換には全く役に立たなかった。V-2も同じだった。かわりに、超兵器という〈表象〉だけが、人心に巣食い、避けられぬ破局から束の間の逃避をさせてくれる役割を果たした。ヒトラーが地下壕で〈赤ペン先生〉を演じたのと同じ頃、ナチスの御用労働団体の責任者で化学の博士号をもつロベルト・ライは、「殺人光線が発明された！（Die Todesstrahlen sind erfunden!）」と大はしゃぎしていた。それはシンプルで量産可能な装置であり、決戦兵器となる。そう信じたライは、この発明が軍需省に採用されないのはけしからん、とシュペーアに食ってかかった。もうどうでもよかったシュペーアは、勝手にしてくれ、とばかりにライの言い分を聞いたが、ライは市井の〈発明家〉に騙されたらしかった。必要不可欠だとされた部品は、半世紀近く前の中学校用物理教科書に出てくるような代物だった。

まもなくベルリンは陥落し、シュペーアはデンマーク国境のフレンスブルクで組織された後継政府で引き続き閣僚となったが、ほどなくして連合国側に逮捕された。

超兵器の夢想には批判的だった彼も、V-2に関しては決して〈身ぎれい〉ではなかった。軍需相に就任する前、彼は開発・製造拠点となったペーネミュンデ兵器実験場の施設拡充計画を支援したことがあった。そして戦後に、「そんなことしなきゃよかった」と述べた。バルト海に面したペーネミュンデが英空軍に空爆され、製造ラインを内陸部に疎開させたときにもシュペーアの軍需省は関わった。新たな工場でV-2を作ったのは、強制収容所の労働者たちだった。

＊　＊

「色々と発明をしてバカなこと」

シュペーアが逮捕された2日後の1945年5月25日、『勝利の日まで』でロケット慰問兵器を開発する博士役を務めた漫談師・俳優の徳川夢声は、慰問先の静岡・島田から帰京する列車の中でそんな川柳をこっそりひねった。彼はそこに、こんな註をつけた。「新兵器マタ新兵器デ殺シ合イ」。

夢声が訪れたのは三菱系の軍需工場だったが、当時、島田にあった第二海軍技術廠の実験所では、大出力マグネトロンの開発が進められていた。目的は殺人光線の実用化だった。この研究には朝永振一郎のような理論物理学者も狩り出されていた。夢声は多分、殺人光線研究については知るよしもなかったが、海軍が新兵器を開発している、くらいの話は雑談で耳にしたのかもしれない。

しかし新兵器開発は、すでに末期的な状況に陥っていた。同月、辞任した八木に代わり、技術院総裁に就任した陸軍中将・多田禮吉は6月30日、朝日新聞に寄稿した記事で述べた。

「必死でない兵器を要求する代りに、必死にして必中必殺の性能を持つた特攻兵器の創成こそ、天意と民意に従つて精進すべき科學界の責任がかけられてあるのである」

多田は軍人であるとともに東大で学んだ工学博士で、洒脱な科学解説を執筆するサイエンスライターでもあった。そんな彼も、もはや前任者の国会答弁を超えた言葉を吐かねばならなかった。大和は沈み、沖縄の日本軍の組織的な戦闘行動は終わっていた。空襲は本土各地の地方都市にも及んでいた。立場上、すでに運用されている特攻兵器を弁護しなければならなかった多田は、続けて書いた。

「B29の高々度とその航速に対し、如何に精神こめて体當りせんも自己の航速低くしては駑馬遂に駿馬に及ばず。即ちガソリン機関に超越するロケット飛行機の科學力がなくてはならぬ。突進して進む空中の速度に必死の生理対抗精神力が維持されねばならぬ。軽易な構造のため氣密装置なくして低氣壓の高空に戦ふ其苦難は精神力の忍耐以外にない。それは最後体當りする必死の精神力の延長によつてこそ保たれる。日本式航空機の精神的非科學的獨特性である」

彼の記事は、科学力と精神力・人間の生理力の協働を説いたものだった。科学のサポートは必須だとしていた。「特攻兵器は神がかり兵器ではない」「精神だけでは科學戦は出來ぬ」。しかしその苦しげな主張の中で、彼は科学を超越した「非科學的獨特性」という言葉を使わねばならなかった。

後にジャーナリストとして活躍する本多勝一は当時13歳で、郷里の長野県で趣味の漫画を描いていた。新しく描き始めた『大地球遠征隊』という作品は、水中・空中・地中を進むことができ、

「快力線砲」を搭載した「龍星号」という超兵器を主役としたものだった。龍星号は敵の繰り出した同様な兵器「山蛇号」と戦いながら、米本土に進出し、都市を爆撃し軍艦を沈める。しかし、首都ワシントンに向かう途中、山蛇号との決戦に差し掛かったところで、1945年8月15日となった。本多は作品を切り上げ、作中の指揮官に語らせた。

「諸君、天皇ノ御命令何トモシカタガナイ。コノ上ハイサギヨクカエッテ、再建日本ヲ科学ニヨリ、打チ立テヨウ」

＊　＊

2発の原爆を経て、科学は日本人のトラウマとなった。戦争中に科学振興を叫んだ人々は、敗戦早々、やはり科学振興を叫び始めた。都会派の作家、高見順は8月20日の日記で慨嘆した。「科学振興を新聞は云々している。これがすなわち浅薄というものだ。日本はなにも科学によって敗れたのではない」。戦時中の無闇な自国礼賛、これから始まるであろう無闇な西洋礼賛、その浅薄さに日本人の問題を見て指弾する彼は、ついでに科学礼賛もその亜種として巻き添えにした。科学礼賛の中に、簡便な万能の解決者（デウス・エクス・マキーナ）を求める心を見て取った。

そして、〈科学らしさ〉を装った神話装置、すなわち超兵器幻想もまた、科学礼賛を養分にして息づき続けた。

毎日新聞の論説委員を経て社会部長を務めていた森正蔵は1945年10月29日、盛岡支局発の原稿に振り回された。「伊藤某といふ二十一才の青年科学者が八万メートルを距つたところから発射して空を飛ぶ飛行機、行動中の軍艦などをめちゃくちゃに破壊する新兵器を開発してゐた」との内容で、その人物は東京帝大の助手で湯川秀樹の弟子だとのふれこみだった。

「そんなものが出来てゐたら何も降服する必要もなかつたのだし、どうもをかしなところがある」。念のため森は、記者たちに裏を取らせた。関係先を調べたところ、すべてが虚構だった。森は、「こんなことで沢山の人間を動かし、平日の時間をつぶしてしまつた」と日記で毒づいた。

原爆の衝撃波は、はるか地球の反対側、ブラジルにまで届いていた。ブラジルでは日本の敗戦を信じない日本人移民が多くいた。彼らの間に、敗戦後間もなく怪文書群が出回った。外交筋やラジオ放送経由、または東京発同盟通信電やブラジル紙の報道を装った〈ニュース〉をまとめたものだった。曰く、1945年8月、日本は土壇場で勝利を収めた。日本近海に押し寄せた敵艦400隻は2時間で撃滅された。艦船撃破数は総計800隻にのぼり、連合国は無条件降伏をし、マッカーサーは捕虜となった。〈活躍〉したのは、超兵器だった。

「日本は原子爆弾以上の力ある高周波爆弾一個を沖縄に使用し、米兵十七万人、同時にわが住民も爆死のやむなきに至る」「沖縄における敵十五万、十五分間にて撃滅す。右は高周波爆弾の使用による」「高周波爆弾は沖縄にて使用せるところ、付近にいたる敵の艦船は全部航行不能となり、白旗を立てるに至れり。雷の如き音響を発し鳴り渡りたり」

米国が使用したものの約8倍の爆発力をもつ「日本の原子爆弾」が使用された、というバージョンもある。イギリス沿岸で日本の超兵器が使用され、暴風を引き起こしたと暗示するものもある。さらに、風船爆弾は米国内で約200万人の死傷者を出した、その被害は広島の原爆をはるかにしのぐ。そもそも原爆は日本が作ったものだ、と説く者もいた。

攻撃型の超兵器だけではない。東京には空襲被害はまったくなかった、なぜなら軍部の計略で、東京にそっくりの「模擬都市」が東京近くに作られ、米軍の爆弾はすべてそちらに落ちるようにしたからだ。そう講演する者も現れた。少なからぬ人々が、そんな話に耳を傾けた。

超兵器は、私たちの崩れ去る自尊心を守るための幻想兵器となった。

……あるいは、今でも？

「人間の本筋に変りはない」

ロッパは敗戦前の日記に書いた。それは、湯上がりの短いうたた寝の後に、脳裡に浮かんだ悟りのようなものだった。

「戦争で何が何うなるとも、人間の本筋――といふのは道徳とか、善とかいふものを指すのぢゃない、人間の愛とか情を中心とした生活の本道、本能の美化、さういふもの――に変りはない。何となくさう感じた」

人間は、夢を見る。絶望の中で、閉塞の中で、プライドの中で、合理の中で、非合理の中で、その他あらゆる状況の中で。そして、「生きる」というその闇雲な本能が、現実の中に理念を持ち込むとき、ときおりぽつんと、奇想を生み出す。

本書では、そうした「人間臭さ」の結節点としての超兵器の姿を、綴っていきたい。

目　次

第1章
死に物狂い

1945年1月8日付朝日新聞に湯川秀樹が寄稿した記事に添えられた，米首都ワシントンを襲う光線兵器の図.

〔本章概要〕「ねえディーマ」「なんだいヴォロージャ」「哀しくはないかい」「感傷は君に似合わないよ、ヴォロージャ」「この章に出てくる話だけで何十万人も死んでいる」「僕らの行いが歴史になるとき、それはそういうことになりもするんだよ」「生き残ろうとする人々の健気さが、死や奇想を招き寄せる……科学や呪術と手を携えてね」「でも僕らはそんな人間性に手切れ金を渡して立ち去るわけにはいかない」「そしてちょっと涙ぐむ」「だめだよヴォロージャ、涙ぐんじゃ」「どうしてだい、ディーマ」「モスクワは涙を信じない」（この解説２人組にモデルはいません）

1　ドイツ帝国対魔法の水

絶望は人を殺す。精神的にも肉体的にも殺す。でも私たちは死にたくない。だから絶望の中で、何らかの希望を見出そうともがく。自分たちが閉じ込められた世界を覆す、回天のわざを切望する。絶望が政治に起因するとき、それは革命や民衆運動となる。個人の不運、たとえば病や失恋は文芸や美術や音楽を生み出す。そして戦争という状況もまた、ヒトという種の生きようとする力をもてあそぶ。力の差が圧倒的に不利な戦いに巻き込まれた者たちは、自分に託された資源を動員して、絶望しないための手だてを考える。

19世紀から20世紀初頭の世界には、戦力ギャップなどという言葉では言い表せない格差が存在していた。高度な科学技術力で武装した列強は、それらの力をもたぬ人々と地域を手もなく蹂躙していった。無数の悲痛なエピソードの中で、しかし踏みにじられる人々は、なけなしの希望を見出そうともがいた。近代兵器に負けない力を求め、自分たちの文化の在庫の中から、戦える武器を探そうとした。

１９０５年、タンザニアで蜂起した人々もそうだった。超越的な起死回生の兵器を超兵器と呼ぶならば、彼らは自らの精神と肉体を、超兵器に作り変えようとした。支配者であるドイツ帝国に挑んだ彼らの戦争を、マジマジ反乱またはマジマジ戦争という。マジとはスワヒリ語で水を意味する。反乱軍の武器は、ヨーロッパ人の弾丸を無力化してしまう呪力をもつ「魔法の水」だった。

奴らの綿花を引っこ抜け

１８８０年代、ドイツはイギリスとつばぜり合いを繰り広げながら、東アフリカの植民地化を推し進めた。現在のタンザニアの大陸側（タンガニーカ）を中心とする広大な領土を抱えて成立したドイツ領東アフリカでは、お定まりの植民地経済システムが機能し始めた。内陸部で採れる天然ゴムがまず主要な輸出産品となり、その利潤は地域の有力者が奴隷を購入する原資ともなった。奴隷労働力の増加は、換金作物を栽培するプランテーションの形成を後押しした。ドイツは公的には奴隷制を禁じたが、地元民は労働力として徴発され、与えられる報酬はごくわずかで、背くと罰が待ち受けていた。

タンガニーカ南部では綿花プランテーションが広がっていった。割に合わぬ労苦を男たちが忌避するようになると、女性や子供が狩り出された。綿花を柱としたプランテーション化の進行は、伝統的な生活経済だけでなく、地域生態系をもむしばんだ。人々は白人たちを「赤土」と呼び、怨念を募らせた。

しかし逆らうのは容易ではない。白人たちは近代的な火器で武装している——救世主よ出でよ。しかし丸腰の救世主なら要らない。

需要があれば供給はある。ニーズを満たす英雄が現れたのは、１９０４年だった。南西部ンガランベ村に住むキンジキティィレ（キンジュケティィレ）という男に、ある日の朝、神が降りた。妻や子らの目の前で、腹這いで進んで近くの池に飛び込もうとした彼を、周りの者は必死に止めようとしたが、結局彼は飛び込み行方不明になった。泳ぎのできる村人が池を探したが、彼は見つからなかった。ところが翌朝、キンジキティレは池からひょっこりと現れた。言い伝えによるとその服は濡れてもいなかった。彼はこのように述べたという。「死んだ祖先は甦る。もはやライオンやヒョウが人間を食べることはない。私たちは皆、どの部族の者であれ、サイイドの一族だ」。サイイドとはイスラーム圏で旦那とか主人を意味する尊称である。もともとは預言者ムハンマドの血縁をいう。彼の言葉は「君たちは廃位された王だ」という近代欧州の革命アジテーションにもちょっと似ていた。キンジキティレの託宣は、実際に彼が捕らえて連れてきた2頭のライオンがおとなしかったことで〈実証〉された。彼が飛び込んだ池には、地元民が奉ずる主神ボケロの使神であるホンゴが住んでいるとされていた。キンジキティレにはホンゴ神が憑依したのだとみなされた。

神の言葉を語りつつ、彼は人々に呪術的なパワーをもつ水の作り方を教えた。ソルガムなどの穀粒を混ぜたその水は、頭から注いだり飲んだりすれば、人に繁栄と健康をもたらし、耕す畑地での獣害などの憂いをなくし、穀物は豊かに実るとされた。この魔法の水(マジ)さえあれば、忌まわしいプランテーション労働などに就かなくてもよいのだ。

私たちは死なない、殺すだけだ

魔法の水にはもうひとつ重要な効能があった。弾丸を無効化するのだ。水の魔力を得た者は、敵弾が当たっても体を貫かれることはなく、弾はまるで雨滴のように肌を滑り落ちると信じられた。

彼とその呪法「マジ」の評判は近在に広まった。ご先祖の霊に会えるという話とあいまって、1

905年初めには、巡礼が大挙してンガランベを目指すようになった。信奉者の中からは伝道に携わる人々が現れ、各部族を訪れてその「福音」を述べ伝えるようになった。彼ら伝道者は、キンジキティレに憑依した神の名をとってホンゴと呼ばれた。彼らの教宣は、ときに威迫を伴うこともあり、人々の中にはマジの呪法に首をかしげる者もいた。しかしキンジキティレの教えはさまざまなバリエーションを生み出しつつ、やがてそれはドイツ人の支配に対する抵抗運動のネットワークの姿をとり始めた。

我々は勝てる。何しろ、もはや弾丸を怖れる必要はないのだ。

「戦争を始めるにはどうしたらいい？　どうしたらドイツ人を怒り狂わせることができる？　奴らの綿花を引っこ抜けばいいのさ、そうしたら戦争だ」

1905年7月28日、マトゥンビ高地のプランテーション畑で、男たちが収穫の近づく綿花を3本、地面から引き抜き投げ捨てた。それが宣戦布告だった。

マジマジの反乱は燎原の炎のようにタンガニーカ南部に広がった。中間支配層だったアラブ人の屋敷が襲われ、調査に赴いた地役人が追い払われた。7月31日には反乱勢力は海岸沿いのサマンガに押し寄せ、交易所が焼き討ちに遭い、ベネディクト派の宣教師たちの拠点が破壊された。

ドイツはタンガニーカ南部に、警察を含めて約1000人の兵力しかもっていなかった。フォン・ゲッツェン総督は兵員を割いてサマンガに送ったが、派遣部隊は奇襲攻撃を食らい、指揮官は反乱軍の「異様な士気の高さ」に驚倒した。ドラムを使った伝統的な「音響通信システム」と、マジマジの教えを奉じて各地に赴いた使者たちの活動により、反乱は組織だった行動が得意なドイツ人が逃げまどうほど組織だったものになっていた。

キンジキティレは、反乱勃発前の7月半ばの時点で、植民地政府側に拘留されていた。8月4日、彼はもう1人の呪術指導者とともに、モホロの町で絞首刑にされた。しかし反乱の勢いは衰えなかった。

反乱側に立ったある部族長は獅子吼《ししく》した。「これは戦争ではない。なぜなら私たちは死ぬことがなく、ただ殺すだけだからだ」。

死をも怖れぬのではなく、そもそも死なないと信じ込んだ軍勢の強さといったらなかった。各地で村々が陥落していった。首都ダル・エス・サラームは緊張に包まれた。白人たちは自警団を組織して警戒にあたった。一方で反乱側が説くマジの呪術はどんどんバージョンアップした。ドイツ人はそもそも発砲すらできぬという話が生まれた。マジの力で、弾丸が弾倉内で水に変わるからだ。勢いにのった反乱軍は、ドイツ軍駐屯地の攻略に取りかかった。

キンジキティレ、お前はだました

だが、反乱の前途には、暗雲が見え始めていた。ある村のキリスト教布教所を襲って破壊した反乱側の一部族は、逃亡した宣教師たち一行の隠れ場所を突き止め取り囲んだ。神父たちの銃が火を噴き、2人のホンゴが射殺された。宣教師側にも犠牲者が1人出たが、彼らは脱出に成功した。反乱側は戦利品を抱えて引き上げたが、意気は上がらなかった。マジの呪力は、白人の銃弾に効き目がなかったのだ。別地域では、マジの教えを受け容れず反乱側に与しなかった部族との小競り合いが起きた。この部族の側で戦った地役人は、ライフルで反乱軍を撃ち、追い払った。

マジに対して懐疑的だったある部族長は、実証精神あふれる人物で、手元の銃で効果の確認実験を行った。まずはイヌにマジ投与。ぱん！……イヌ死亡。次に死刑囚にマジ投与。ぱん！……死刑囚死亡。「効き目ないじゃないか！」「いや、マジの呪力はドイツ人とその仲間の銃弾に対してだけ効くんです」。結局、この部族長も伝道者に言いくるめられて、戦争に加わった。だが、ドイツ軍の大尉が率いる60人たらずの雇い兵部隊が彼の村に威力偵察にやってきた時、彼の配下の500人の戦士が迎え撃ったが、その一度の戦いで約200人が死に、ドイツ側の死者は1人きりだった。しかしマジの教えを説く者は、それが呪法の禁忌である性交を事前にしていたためだと言い繕った。最初のマジの成分が間違っていたとして、新しい処方が行われたりもした。すべての状況が、不吉な様相を見せていた。

8月末、数千の反乱軍が、天然ゴム集積地として重要な内陸の町マヘンゲに殺到した。そこにはドイツ軍部隊の砦があった。反乱軍は二方向から砦に接近した。人員だけを見れば反乱側は圧倒的に多かった。力押しすれば楽勝だと、マジマジ軍は考えていたに違いない。

戦いは、しかし一方的だった。ドイツ側から見た記録にはこのようにある。

「少なくとも1200人以上からなる一番手の部隊が我々に向かって進んできた。彼らに対しただちに銃火が開かれた。敵は駆け足となってマヘンゲ村にたどりついた。そして家並みに隠れ、砦に通ずる道から強襲をかけてきた。射程距離内に再び姿を現した時、彼らは耳をつんざく銃声に遭遇した。攻撃側の最前列の者たちは、火線からわずか3歩のところで銃弾に撃たれ地に倒れた」

マヘンゲの砦には、機関銃が2丁装備されていた。マジマジ側で、機関銃について知る者はほとんどいなかった。ある者は機関銃射撃の連続音を聞いて、弾切れしたドイツ兵が空き缶を叩いているのだと思ったという。

先進的な火器の前に、マジの魔力は無力だった。反乱に加わった男たちはうめいた。

「キンジキティレ、お前はおれたちをだました」

マヘンゲの戦いの敗北は、反乱の転換点のひとつとなった。10月にはフォン・ゲッツェンが要請した海外からの増派も到着し、態勢を立て直したドイツ軍は、やがて反乱軍を圧倒していった。1905年末には戦いの帰趨は明らかになった。反乱側に立った部族はその後もゲリラ化して抵抗を繰り返したが、徹底した掃討により1907年には反乱は終わりを告げた。反乱のリーダーたちは処刑され、あとには廃墟が残った。この戦争での白人の死者は15人。一方でタンガニーカ南部の地元民の死者は、一説に25万〜30万人といわれる。大量の死者が出た原因は、反乱側の力をそぐための焦土作戦に伴う飢饉の発生だった。

統合と分裂のエネルギー

水の呪力を信じた人々の蜂起が最も激しく展開され、しかしその信仰が残酷な現実に裏切られつつあった1905年9月、遠く離れた欧州で、26歳になるドイツ人が投稿した1本の論文が専門誌に受領された。題名を「物体の慣性はそのエネルギーに依存するか?」という。その中に、こうある。

「物体が放射のかたちでエネルギーLを失うならば、すなわちその質量はL/V^2だけ少なくなる」

アルファベットを現在使われているなじみ深いかたちに置き換えるならば、この1行の示すところはこうなる。$E=mc^2$。アインシュタインがこの論文を書いてから数十年後、人類は質量をエネルギーに変える魔法のような技術を手にし、2発の爆弾でマジマジ反乱と同規模の人命を奪い、大量の電力を生み出し、その不具合を癒すためにせっせと水を注いだりせき止めたりし続けている。

一方でマジマジは、土着呪術から建国神話の地位に昇格した。1956年、まもなくタンザニア連合共和国の初代大統領となるジュリウス・ニエレレは、国連での演説の中でマジマジ戦争について触れた。彼はそれを反植民地闘争の先駆として位置づけた。単なる蜂起ではない。それは新しいネーション・ステートの統合の象徴だった。マジマジ反乱は、諸部族が分立していた現地社会で、初めての部族を超えた「インターナショナル」な運動だったからだ。水の呪力は、当時の権力構造とは別の価値、別のシステムとして、人々を結びつけた。

マジマジ戦争の評価と当時の社会分析については、立場によりさまざまな力点の違いがある。ただ、マジマジは現代タンザニアの文化的レガシーとして生きている。一例をあげれば、南部のソンゲア市に1979年に建設されたサッカー場は、マジマジ・スタジアムと命名された。そこを本拠にするマジマジFCは、同国プレミア・リーグで1985、1986、1998年の3度優勝を果たし、同リーグ3位の実績を残している。ただ、最近は戦績振るわず数年前に下位リーグに落ちてしまった。

がんばれ。

2　翔べ！　鶴羽船《ハクウソン》――大院君の飛行戦闘船

国王の父として、1860年代から70年代にかけて権勢をふるった興宣大院君《フンソンデウォングン》（1820～1898）の名を韓国語版ウィキペディアで見ると、治績のひとつにこのようなものが挙げられている。

「1860年代末、大院君は鶴羽造飛船《ハクウジョビソン》という名前の飛行船を開発することにした」

鶴羽船《ハクウソン》とも呼ばれるこの船は、名前の通り鶴の羽を主要な素材にして作られた船だった。その独自の構造を、朝鮮日報論説委員だった李圭泰《イギュテ》はこのように紹介している。「船体を軽い鶴の羽で作り、蟬の下腹のような鼓腹を作って、その伸縮によって風を起こして、浮かんで飛びもし更に水に浮かんで行きもする空水両面の飛行船である」。

この船は、朝鮮半島に攻め込もうとする列強の軍隊に対抗する期待を担って、国の最高実力者・興宣大院君の指揮の下に構想され試作された新型兵器だった。

興宣大院君の時代

欧米のプレゼンスが現実の危機の姿をとり始めた19世紀、日本では「黒船」と呼んだ西洋列強の艦船を朝鮮では「異様船《イヤンソン》」と呼んだ。日本の攘夷思想と同様に、「西学」（キリスト教）に対して古来からの正しい学問（儒学）を守り、邪学邪宗を斥ける「衛正斥邪」思想が勃興した。李昰応《イハウン》が権力の座に登ったのは、そのような時代だった。

彼は興宣君と名乗る王族ながら、中年に至るまで不遇だった。両親は早くに死に、官途に就いたがたいした職は得ず、要するに〈窓際王族〉だった。ちんぴらたちに混ざってソウルの町場をうろついていたという話もある。わが子の官吏登用試験合格を願って権力者の前で膝を屈したという話もある。国政を握り王族をコントロールしていたのは高級貴族たちだった。「勢道《セド》」政治という。異を唱える有力王族は、誣告《ぶこく》され処刑された。

1863年、国王哲宗《チョルジョン》が崩御した。王には跡継ぎがいなかった。興宣君にチャンスが巡ってきた。宮廷に根回しをしていた彼は、まだ12歳の次男・命福《ミョンボク》を王位につけることに成功した。第26代国王高宗《コジョン》、朝鮮が後に大韓帝国と国号を変えた時の初代皇帝である。興宣君は国王の父、すなわち「大院君」の称号を得た。興宣大院君となった彼は、ほどなく実権を掌握した。

不遇の日々が彼のリアリティを鍛えたのかもしれない。興宣大院君は、有力貴族の力をそぎ取りながら、国政の一新に乗り出した。法制度の整備、行政機構の改革、課税の均等化、地域に根を張る特権組織の廃絶。この頃の興宣大院君は、時代が求めたリフォーマーだった。

とともに彼は、ひたひたと迫る列強のパワーに抗してナショナル・アイデンティティをどう守るかという問題のただ中にいた。北京が占領された第二次アヘン戦争の記憶は生々しかった。

目的は手段を拒まない

1866年初め、大院君はカトリックの弾圧に踏み切った。活動していたフランスのパリ外国宣教会の神父たちは一網打尽になって殉教した。この報を受けたフランス極東艦隊は中国・山東省から出動し、同年8月には漢江をさかのぼりソウルを威力偵察、さらに10月には艦砲射撃を繰り返しながら江華島の一部を占拠して本土へも部隊を上陸させた。「丙寅洋擾《ビョンインニャンヨ》」である。

しかし迎え撃った朝鮮軍は強かった。フランス上陸軍に大打撃を与えて退却させ、艦隊はまもなく撤収した。これに先立つ7月には、アメリカ船籍の武装商船ジェネラル・シャーマン号が大同江を経て平壌に現れ、沿岸を砲撃するなどのトラブルを起こしたあげくに平壌監司（知事）の命令で焼き討ちにされていた。火薬を積んだ小舟を突入させて火をつける作戦が功を奏したという。

一連の事態は衛正斥邪の思潮を強化した一方、科学技術に裏打ちされた欧米の軍事力の脅威を再認識させることになった。とりあえず撃退はできたが、それが一時的な小康であるのは明らかだった。大院君は国防力の強化に乗り出した。

大院君の治績をほぼ同時代的に記録した朴齊炯『近世朝鮮政鑑』によれば、彼は大砲や火薬の製造、軍部隊の再編、日本の軍用銃の買いつけを行った。また木炭蒸気エンジンの装甲艦の建造も行っている。

それとともに、「布告國内凡有一藝者雖幻術借力之者、許令自薦、有獻富國強兵之策者、不次擢用」、すなわち一芸のある者はたとえ〈超能力〉者でも自薦を許し、富国強兵策を献ずる者は誰でも採用すると朝鮮八道に布告した。幻術と借力は、それまで国法で禁じられていた。ある意味、規制緩和であり、使えるものは何でも使おうという「総動員令」である。

彼はプラグマティックだった。そしてプラグマティズムとは、決して現代的な科学の合理性にぴたりと重ね合わされるものではない。提唱者のウィリアム・ジェームズが死者の霊魂と対話ができるとする心霊主義に好意的で、アメリカ心霊研究協会の創設者のひとりだったことを思い起こせばいい。実際的であるということは、ある意味、思考の自由、あるいはアナーキズムを許容する。火急のときに、自由に対して規律を求めるのは、仏典にある毒矢のたとえと同様なことにもなる。毒矢について考えているうちに、射られた者は死んでしまう。大院君は、国の生き残りに役立つものである限り、どのようなアイデアであれ使えそうに見えるなら、構わず徴発しようとした。

合理と幻想のハクウソン

大院君のもとには奇計を献ずる者がつめかけたという（「獻奇計者、日踵接」）。この時に集められたプランの中で実戦投入されたものに「綿製背甲」または「綿甲」がある。綿布を重ねた防弾服である。実験の結果、12枚重ねると銃弾の貫通を防げることがわかり、安全率を見込んで13枚重ねたものが制式となった。

これは1871年6月にアメリカ軍が上陸した「辛未《シンミ》洋擾《ヤンヨ》」での戦闘に使われた。韓国『国防日報』の記事「韓国の軍事文化財巡礼〈32〉綿甲」によると、製作コストが比較的安く一線の兵士が使ったが、夏場の戦闘だったために厚着により兵士はバテてしまい、また西洋の発達したライフル銃を防ぐ能力はなかったとされる。ただしこの時も、犠牲は大きく要地を占領はされたが、結局アメリカ軍を撤退させている。

もうひとつの提案が、空飛ぶ戦闘艦「鶴羽船」だった。

『近世朝鮮政鑑』にはこのように書かれている。「以鶴羽編為舩、遇砲丸、則舩体浮輕、但退却而不致傷損」。鶴の羽を編んで船を作れば、砲撃されても船体が軽いのでノー・ダメージで退却できる。かくして猟師に命じて鶴を捕らえさせ、集めた羽で試作船が1隻作られた。船は「飛船」と名づけられた。

しかし、「用膠粘羽、下水、膠便融解不能用」、つまり羽は膠でくっつけたのだが、水に浮かべたら膠が溶けて役に立たなかったというのである。李圭泰の鶴羽船についての文章は、このように続けている。「この飛行船を作るために全国の鶴が滅種するようになったというが、実験段階で役に立たないのが立証されて実用化できなかったのである。そのあと、大院君失脚を鶴の鬼神が付いて倒れたという流言飛語が広まったので、民怨飛行船だといわざるをえない」。

鶴羽船は、その企図について言えば合理性があった。大院君は、列強と自国のテクノロジー・ギャップの存在を正しく理解していた。しかし、そのための解決策としては、鶴羽船はあまりに超越的だった。

鶴羽船の実態については異説もある。より現実的なものだったとして、最近では、熱気球を本体にしたものだったのではないかという説が語られている。また、単に被弾時の運動性能を確保すべく企図された軽快な水上高速艇だとも考えられる。飛行船を目指したとする話は、「飛船」という名称に引きずられて、おひれがついた結果なのではないかというわけである。李圭泰もその後、韓国科学創意財団（ＫＯＦＡＣ）のサイトに寄せた記事では、鶴羽船について、西洋の火器の威力への対応という観点を強調している。

過去に遡り、当時の人々が「飛船」という名前に何を託していたか確かめるすべはない。ただ次のようには言えるのかもしれない。苛酷な状況の中で、人々は生き残ろうともがく。そのとき、リアリズムはその姿を反転させて、現実から離陸する思念のインキュベーターに変じうる。

以下は夢想である。政務に疲れた大院君の夢の床で、新たに編成されたハクウソン飛行戦闘艦隊がソウルの上空を舞う。おし寄せる列強の侵略をけちらかす。

合理と幻想は、きぬぎぬを待ってまどろむ恋人たちのような、同床の中の異夢である。

3　象山のテクノリテラシー——破壊兵器と東洋思想

幕末を代表する知識人のひとり佐久間象山（1811～1864）は、「西洋の技術と東洋の哲学が補完しあう」といった思想的スローガンだけでは、当時の彼我の軍事力の格差を埋め合わせることはできないことを理解していた。ペリー艦隊の偉容を自身の目で見つめた彼は、1854年（嘉永7年）の詩「甲寅初春偶作」の中でこのように書いている。

「微臣別有伐謀策／安得風船下聖東」——私には作戦プランがあります。気球を用いてワシントンへ攻め込むのです。

この米本土空襲計画は、もちろん春の宵の夢想でしかない。第二次大戦末期に日本軍が採用した風船爆弾や、1957年に旧ソ連が実証実験に成功したICBMのような大陸間攻撃兵器の着想を先取りしたと考えるのは、いささか贔屓の引き倒しとなってしまうだろう。彼の詩はポエティック・ライセンス（美の表現のためなら文法的逸脱も許される）と同じ領域にある。だが象山がポエム男になって現実離れした超兵器を夢想したくなるほど、当時の日本を取り巻く事態は切迫していた。

アヘン戦争以来の列強の脅威は、砲艦外交のかたちで現実のものとなった。日本はどう対応すべきか。思想だけでは戦えない。先端技術に対抗できるのは先端技術しかない。幕末の日本人が直面したのは、欧米列強と自国との絶望的なほどのテクノロジー・ギャップだった。科学技術力の格差は国力の格差となり、国力の格差は軍事・外交的プレゼンスを扼《やく》し、ひいては無惨な支配・被支配の関係を招き寄せる。

テクノロジーが国家的危機に際して役立つのなら、それが「黠虜《かつりょ》」(西洋人)のものであろうと積極的に採り入れて使ってしまおう。いかに突飛な発想であれ、気球それ自体は科学技術の産物である。「甲寅初春偶作」には、リアリストとしての象山の明確な視座もまた、かいま見える——祈りでも嘆きでも精神論でもなく、新たな兵器を。

象山は自分の思いつきをツイートするだけの男ではなかった。現実の彼が取り組んだのは、高性能な洋式大砲の導入だった。

大砲って、なあに?

朱子学者として名をなした象山は、幕府の海防掛(今風に言えば国防相にあたる)に任じられた主君・松代藩主真田幸貫のブレーンとなり、防衛力増強のカギのひとつは重火器の性能向上だと考えた。畳水練のような学問に飽き足らなかった彼は、蘭書と格闘して実器の製造に乗り出し、江川英龍(坦庵《たんなん》)らと並ぶ洋式大砲のエキスパートとなった。砲身破裂などのトラブルもあったが、彼が作った大砲は従来の和式大砲をしのぐ射程２㎞を実現した。ちなみに松前藩から依頼されて洋式大砲を造ったときには、試射の際の事故でけが人を出してしまった。同藩の役人からのクレームに、象山は「失敗は成功のもと」だと開き直って、さらに予算をせしめようとした。

朱子学の祖である朱熹の狷介さと似て、己をたのむところの多かった象山は、親類からも世間からもハッタリ男と見られたりしたが、それは現代のイノベーターが開発予算をぶんどるために必要な資質と相通じていた。象山は文字通り「フィールド」で働いたインテリだった。

洋式砲術の第一人者を自認した彼は、しかしあるとき、「問いかけの魔」に襲われたのかもしれない。外来技術の「コピペ」ないし「パクリ」で、本当に技術の精髄を我がものにしたと言えるのか。日本人の知的・社会的空間の中で、西洋のこの大量破壊兵器に、どのような位置づけを与えるべきなのだろうか。

彼の問いをつづめて言えば、こういう事だ。

「大砲って、いったいなあに？」

この問いに答えることは、すなわちテクノロジーの開発と運用を自己の中で血肉化する営みに他ならない。それがなければ、技術は文化として根づかず、舶来製品を単に真似て使うレベルを超えることはできないだろう。

ペリー来航前夜の１８５２年（嘉永５年）、象山は『礟卦《ほうか》』という野心的な著作をまとめた。「礟」とは「砲」のことである。「卦」は、むしろ「け」という読みの方が通りがいいのかもしれない。「当たるも八卦、当たらぬも八卦」の「卦」である。

この一書で、象山は大砲というテクノロジーを「解釈」しようと試みた。釈義の知的バックグラウンドとして用いられたのは易学だった。はるか周代にさかのぼる東洋古来の易によって、彼は近代の大砲を語ろうとしたのである。

自然哲学としての易

易については多くの解説書があり、門前の小僧が習わぬ四書五経を語る愚は避ける。次の点だけを指摘しておきたい。

私たちが易と聞くと、日常感覚では筮竹《ぜいちく》をもった易者の手さばきを思うことが多い。超越的な原理に基づいて状況判断・未来予測を行うというイメージ。確かに易は、未来を知りそれを改変したいという人間的希望＝占いを出発点としている。

しかし易は同時に、自然と人間双方を包含する世界の解釈システムとしての側面を合わせもつ。陰陽（または柔剛）の2値を6つ重ねて、すなわち2の6乗＝64種類のパターン（それを卦という。ひとつひとつに名がある）のどれかに、武運でも結婚運でもとにかく森羅万象のうち自分が検討したい対象をあてはめ、その卦を読み解くことによって対象の状況や本質を判断する。あてはめる方法、つまり検討すべき卦が何かを定める方法としては、筮竹をさばいて行う易占もあれば、自己の直感によって「この卦がピタリ」と思い定めてそこから対象の解釈を展開するスタイルもある。

言い換えれば易とは、混沌とした世界を64種類の卦に整序分類して合理的に把握しようという知的営みである。いわば、すべての事象に適用しうる万物理論、およびそれに基づく予測システム。

この世界解釈の体系としての側面を強調して、津田左右吉は「易の研究」の中でこのように述べている。

「陰陽相交つて萬物が生ずるとか、その消長によつて人事が變移するとかいふ考は、宇宙間の現象にそれを支配する理法のあることを認めるもの、いひかへると智力で自然と人生を解釋しようとするものであつて、その精神は事に當つて占筮に依頼する態度とは根本的に矛盾する」

少なくとも恣意的な人格神が介入しうる世界とは、なんと隔たりがあることか。易のこの理知的な側面は多くの人の関心をとらえる源となった。ライプニッツが易についての著述を残していることはよく知られている。また日本を代表するメーカーである日立グループには「返仁会」(発足時には変人会といった)という博士号所持者の集まりがあるが、初代会長の馬場粂夫は漢籍にも通じ、工学博士らしい数理的分析をともなった易の研究書を残している。曰く、「筮竹ジャラジャラは聊か猶ほ今日の理論科学に一致せぬ筋もある。と云つて易は駄文では決してない」。

そもそも儒学を体系化した朱熹の仕事のひとつに易の〈再活性化〉、すなわち、あいまいだった占法の定式化の提案がある。朱子学者たる象山が易に着目することに、何のさまたげがあろうか。

ライプニッツや馬場粂夫との唯一の、そして決定的な違いは、象山が科学技術の言葉で易を語ろうとしたのではなく、易の言葉をもって科学技術の粋たる大砲を語ろうとしたことである。

大砲の卦は「睽」である

『礮卦』は漢文で書かれた。現代日本語訳を伴ったまとまった論考としては、前野喜代治『佐久間象山再考』(1977)がたぶん唯一の成書である。以下、引用する訳文は同書に依る。

　象山は述べる。

「大砲は後世に出現した兵器であるが、これを易理に求めると、その象と理とが睽《けい》の卦に正に具《そなわ》っている」

「睽」とは64卦の38番目にあたる。その6つの陰陽(それぞれを「爻《こう》」という)を下からいうと「陽陽陰陽陰陽」という卦である。「火沢睽」ともいう。6つの爻の上半分(上卦)が「火」を示し下半分(下卦)が「沢」を示すものだからである。言葉で述べてもわかりづらいので、ネットで「周易卦　けい」の3語で検索するとこの卦がどんな図像パターンかがわかると思う。

　64卦それぞれの図像パターンのことを「象」という。「—」が陽で「- -」が陰を示す。象山は、睽のパターン(象)が大砲の物理的構造を示しているとして、それを大砲をあらわす卦、すなわち「礮卦」とした。筮竹ジャラジャラではなく、象山が直感でそう決めたのである。

　いわく、下部の2つの爻が「陽」(—)なので、これは大砲の尾部が堅固なることを示す。下から3番目の爻は「陰」(- -)でこれは砲身である。4番目の「陽」は大砲に仰角を与える支持部分であり、5番目の「陰」は砲口、そして最後の6番目の「陽」は砲の先端部分が強固たるべきことを意味する。まさに「睽」は大砲の似姿ではないか。

　かなり強引な見立てで、象山もさすがにこれだけでひっぱるのはムリと思ったのか、「西洋人は大砲のことを「ヒゥルモンド」という」、ヒゥルが火でモンドは口なので合わせて「火口」だ、自分の解釈にピッタリだと強引に補足している。ちなみにヒゥルモンドはオランダ語の vuurmond

で、カノン砲や臼砲《きゅうほう》のことである。

大砲も易も当たるが値打ち、象山は続けて易学に根ざした大砲解釈を全面展開して所説を述べるのだが、それは易に託した自己の理念の主張というのが正しいのかもしれない。卦が与えられたら、ふつうは四書五経のひとつ『易経』にある解釈文(卦辞、爻辞、彖《たん》辞など)を典拠としてその意味を考える。だが象山は、自分で「睽」の解釈文をこしらえて、それに基づいて講釈するのである。

ジャスティスでデンジャラス

『易経』による「睽」の卦は「小事吉」。ささやかなことについてならラッキー、というものである。

しかし象山の卦辞はこうだ。

「礮貞厲君子吉无咎」＝「貞《ただ》しけれど厲《あやう》し。君子なれば吉にして咎《とが》无《な》し」

おみくじの小吉めいた本来の託宣からは、ずいぶん乖離して見えるが、象山の解釈は、「睽」の卦の上半分(上卦)と下半分(下卦)のあらわす性質が乖離していることに基づいている。すなわち上卦は「離」、下卦は「兌」という卦で、性質の違いからそむき合うもの(象山に従えばそれぞれ火と金)が合わさっているのが「睽」である——という議論に基づいて、象山は次のように述べる。

「大砲という兵器は、兵器としての性能は優れたもの、立派なものである。兵器として優れたものであればある程、益々人間を殺傷殺害することが大きい。(一方)天地の大徳は「生々発育」である。(この点からいうと)大砲の徳はこれに背反する。正に「乖異」の大なるものである。それ故に、大砲は「貞しけれど厲し」という所以である」

続けて、概略このように論ずる。「睽」という卦に示されているこの大砲の矛盾は、使い手の徳を要請する。矛盾を調和することのできるのは君子であり、すなわち使い手は立派な人でなくてはならない。もしも思い上がって、自分なら使いこなせるとうぬぼれた者が大砲を操ろうとするなら、「必ず焚焼死亡の禍いに罹り、事物に明るい智者からは見放され棄て去られる」。

つづめて言い換えれば、強力な兵器の運用とは、単なる技術的・戦術的なテーマではなく、より大きな思想・戦略レベルの問題だということだ。

「睽」の卦のさらに細かい解釈をちりばめながら、象山の論は兵器論を超えていく。国防や政治にまでおよぶ。高性能な砲を大型艦船に搭載すれば無敵だと、後の戦艦大和に連なる大艦巨砲主義じみた主張にまで至る。それらはここではさておく。指摘したいのは、象山が洋式大砲というテクノロジーについて語った『礮卦』という書が、技術についての分析・紹介という水準にとどまらず、製造者・操作者がそれを用いるに際しての倫理的側面と注意点を織り込んでいることである。


「『核卦』一篇を著して」

『礮卦』を、近代において西洋の優位に直面した諸国民が、そのアイデンティティ危機に際してしばしば見せてきた文化的な〈炎症反応〉のひとつとみなして考えることもできるだろう。外来の西洋の技術を、いわば「上から目線」で理解したいという情熱の発露。自国の独自性、ないし自己の拠って立つレガシーへのこだわり。象山がそこで示した思考の構造は、その後主要国の仲間入りをして欧米との対決に打って出た時代の日本の知識人たちが思い描いた「近代の超克」といった無闇な想念と、同一の軌線でつながっている。

そしてまた、易は自然科学が手にしたような未来予測の確度を得ることができなかった。あるいは、未来を確実には語り得ないという人知の脆弱性を出自とした易は、それを補完するために、世界の解釈（アナリシス）だけではなく未来を強引に予測する占い（ディスカッション）という側面を持ち続けざるを得なかった、と逆に眺めることができるのかもしれない。

しかし、天（自然現象）と人（人間社会）とを相関させてひとまとめにとらえる易は、テクノロジーをヒトと離れたものではないものとして腑に落ちさせる視座をもまた有している。世界を整序するシステムとしての易は、ヒトに依存、ないし協働するシステムである。卦や象を得て、それを読み解き、現実世界へと反映させるのは、卦や象を認知したヒトが世界の中で活動することによるのだから。

『佐久間象山再考』に序文を寄せた教育史家の中山一義は、その中でこのように書いている。

「核時代に生きるわたくしたちは、なんとなく不安です。それは人間は神でないからです。象山のような人が現われて、『核卦』一篇を著して、核の構造や機能を明らかにするとともに、その理由について、利害得失、是非善悪を占って、道理を究明してくれるといいと思います」

これは核兵器を念頭に置いた物言いであるだろう。だが今日、大規模な核災害を身近で経験した時代状況に鑑みて、いささかの感慨を禁じ得ない人も多いかと思う。

象山ははからずも、科学技術の運用について倫理やリテラシーが声高に叫ばれる現代を先取りしていた。『礮卦』は、所謂サイエンス・コミュニケーションが単なる知識の伝達にとどまらずに何を語るべきかの祖型を示しているのかもしれない。

＊　＊

佐久間象山がその号をとった松代の象山は、第二次大戦末期、徹底抗戦をはかる日本帝国のラスト・スタンドポイントになりかけた。政府は象山の岩盤をくりぬき、めぐらしたトンネルの中に官庁、大本営、放送局など国家の中枢機関を退避させようとした。日本人は恥ずかしいとき「穴があったら入りたい」と言う。私たちの政府は丸ごと穴に入ろうとした。地底人になりかけた日本人を象山が見たら、どんな痛烈な文言を吐いただろうか。

そして今日の日本人を見たら。

象山は1864年、京都に赴き、この国をネーション・ステートにするための公武合体論のオルグを始める。そのさなか、尊王攘夷派の志士に暗殺される。享年54。

4　清末の超能力戦争

科学技術に打ちのめされた人々が、事態を自ら超克しようととる手だては、たぶん次のいずれかでしかない。①受容する、②拒絶する、③夢を見る。

①は科学技術の値打ちをストレートに認めることだ。ただし「和魂洋才」や「中体西用」のよう

に、自己のアイデンティティを上位に置いて科学技術をツールとみなすことで、自己の尊厳が保たれるように工夫することもある。②はもっと簡単で、ラッダイトであり攘夷であり、要するに科学技術への不信を行動や言説で示すことだ。

③の「夢を見る」というのはアンビヴァレントだ。科学技術のもつパワーは認識している。しかし、それにかわる別のやり方で、同じようなパワーを実現できないだろうか。いわば物理的現実に夢想で対峙して、世界の混乱を整序しようとするやり方である。

そうした夢がリアリティをもったとき、いったい何が起こるだろう。

清朝末期、中国の伝統的な文化・社会は、高性能な火器、鉄道、電信、蒸気駆動の艦船などとともに現れた列強の力の前に危機に瀕していた。危機が最終段階に近づいたとき、人々は決起し、「扶清滅洋」（清を助け外国勢力を滅ぼせ）を旗印に、外国人におもねる体制に反旗を翻し、列強の軍隊と戦った。

西洋のテクノロジーを超える「夢」で武装し、立ち上がり、そして蹴散らかされた彼らを、「義和団」と呼ぶ。

「一概鬼子全殺盡、大清一統慶昇平」

義和団の乱については歴史教科書にも出てくるし、冗言は費やさないが、図式的に言えばこのようなものだ。アヘン戦争（１８４０～１８４２）以降の負け戦の結果、清はご法度だったキリスト教の布教を認めた。宣教師と、入信した中国人（教民）は、各地で新たな権力となって、伝統的な農村社会に摩擦を引き起こした。非教徒が頼る地方官僚も、列強をバックにした教会には逆らえない。

土地争いなどで教会・教民側に煮え湯を飲まされる事態が続き、不満を募らせた非教徒側の人々は、それもこれも「洋《ヤン》」が元凶だと怨みに思うようになった。「洋」とは外国人・外国文化のことである。

やがて武装した住民グループが教会・教民を襲う事件が起こり、取り締まりに駆けつけた清の官軍とも一戦を交える。各地で決起した武装集団は、1899年後半頃にはひとまとめに「義和団」と呼ばれるようになった。

お上に逆らう点では明らかに反乱だったが、「扶清滅洋」(または助清、保清、興清とも。滅洋は変わらない)をスローガンに掲げる彼らは反政府勢力とも言いづらかった。清の皇族や高級官僚の中には好意的な人士も少なくなく、義和団は匪賊とも義賊ともつかぬままどんどん勢力を拡大していった。1900年春には山東省から河北省一帯を席巻し、官軍を負かして将軍首をとったり、北京―天津間の鉄道線を破壊したりして、列強諸国も座視できない脅威となった。

同年5月に天津で掲げられた義和団の檄文は大意このように述べている――中国を騒がす鬼子どもに神は怒っている。しかし神の助けがある拳法を習えば鬼子をやっつけるのは簡単だ。鉄道、電線、蒸気船をぶっ壊せ。フランスは縮み上がりイギリスもロシアも意気消沈だ。鬼子を殺し尽くし、大清国の天下太平を慶ぼう(大法國心膽寒、英吉俄羅勢蕭然。一概鬼子全殺盡、大清一統慶昇平)。

西洋のテクノロジーは悪の目印だった。マッチをもっている者すら、外国人の手下(教民らは二毛子、〈外国かぶれ〉は三毛子と呼ばれた)とみなされ殺害の危険にさらされた。

1900年6月、義和団は北京に殺到し、洋人や教民に襲いかかる。事態に呼応して列強は軍事行動を起こす。それに怒った最高実力者・西太后は、同月21日、欧米日8ヶ国に宣戦を布告する。民衆運動が、ついに国政を動かし国家間の戦争を引き起こしたのである。

「一夜即成能避火槍刀矛」

義和団の参加者を団民とも拳民ともいう。後者の言い方は、彼らが拳法を修練することで超人的な力を発揮できるようになる、という信仰を集団のアイデンティティとしていたためである。拳法の名前はいくつかあったが、団名と同じく「義和拳」と呼ばれるようになった。

当時の記録をまとめた『中國近代史資料叢刊　義和團』および『庚子記事』から、拳民の間で信じられていた義和拳の超能力を抜き書きしてみる。

基本は「刀槍不入」、すなわち義和拳を修行すれば、刀でも銃弾でも傷つかない身体となることである。たとえ銃弾が体に当たってもすとんと落ちてしまい、肌には何の痕も残らないともいわれた。義和拳以前から、刀槍不入は拳法修行の売り文句のひとつではあったが、列強軍や官軍の高性能火器との戦いに駆り立てられた人々の志気を高める上でこれはまたとないプロパガンダとなったはずだ。民衆運動ゆえに義和団の規模は定かではないが、少なくとも十数万人はいただろう。人員的には数個師団ぶんのブルース・リーが出現するわけである。これは強い。

義和団は怪力無双でもある。拳の師匠は老師、熟達した弟子は拳師と呼ばれたが、ある村にいた拳師は髪紐を石の大きなローラーにつないで、呪文を唱えるとそれを引っ張ることができると評判だった。しかしその拳師が言うには、「こんなのは序の口で、教会堂を細縄で引き倒すこともできるぜ」。ローラーや自動車を引くのなら現代のプロレスラーのパフォーマンスでもありそうだが、建物を引き倒すとなるとこれは大魔神級の怪力である。

機動戦に欠かせない高速移動もお手の物だ。義和団の各集団のリーダーを大師兄と呼ぶが、その中には一歩で60里進み、たちまち数万里を移動できる韋駄天がいるとされていた。

もちろん通信手段も忘れてはいない。山東省の山奥に住むさる老師は、部下を下山させて戦いの場に派遣したが、部下たちの話を知りたいときにはお札を焼くとたちまち知ることができる。また、義和団の他の部隊が千数百里離れていても、お札を焼いて呼び寄せることができる。その連絡は電報よりも速い。西洋の電信技術など屁のカッパな「法力」である。

人々の間に流れた噂は、さらにパワーアップしていく。いわく、義和団民は指一本で敵の銃砲を発射できないようにできる。遠隔地を攻撃することもできる。動乱がクリティカルな局面に達しつつあった1900年5月、団民のひとりはこう豪語した。「洋人が攻めてきてもおそるるに足らない、老師が呪文を唱えれば、船は前進できなくなり洋上で自爆するんだから」。まるでサイバー攻撃である。

超能力を実現する修行の期間はまちまちだったが、中には呪符を飲むなどの儀式を併用することで「一夜即成能避火槍刀矛」と称する集団もいた。一夜漬けで火器や刀を避けることができるようになるというのである。速成訓練で次々と〈スーパーマン〉を戦場に送り出せるということだ。お手軽などというなかれ、兵員の補充は万端である。

さてさすがの超人とて腹が減っては戦はできぬ。彼らの超能力はその点もぬかりなくカバーしていた。義和団をサポートする特殊部隊が空っぽの鍋を炊くとあら不思議、何千人何万人が満腹になるまで食べても尽きない飯が炊けるのだ。

まさにドリーム・ウォリアーズ、今時の映画で言えばマーベル・コミックスのヒーローが束になって敵と戦う『アベンジャーズ』顔負けではないか義和団は。

「天上眞現紅燈、是活神仙降下」

ヒーローがいるなら戦闘美少女もいる。そういう期待を義和団は裏切らない。にわかブルース・リーたちにはともに戦う女子行動隊がいた。その名を「紅燈照」または「紅燈罩」という。10代の女子からなる超能力戦隊である。

憎い洋人や二毛子を清にかわってお仕置きする彼女たちは、上から下まで紅色の服を身にまとい、右手にはランタン（ぼんぼり）、左手には扇をもっていた。それが〈制服〉、真紅の魔女たちである。

修練を積んだ紅燈照の少女は、まじないを唱えると靴を濡らさず水上歩行できたという。キリストも顔負けである。それだけではない。扇をあおげば、彼女たちは空高く舞い上がることができる。そして空中から、赤い巾布を投げ下ろす。巾布の落ちた先の建物はたちまち紅蓮の炎に包まれる。紅燈照は、爆撃部隊なのだ。ライト兄弟が空飛ぶ以前に編成された〈女子空軍〉。彼女たちはその飛行能力を駆使して、遠くの敵の首級をとってくることもできるといわれた。まるで『ストライクウィッチーズ』（魔力技術で空を飛び侵略者を倒す女子航空兵が活躍する漫画・小説・アニメ）みたいである。

霊魂だけが体を離れて、義和団の男どもの作戦をアシストできるともされた。現在の河北省保定市の村で教会襲撃が実施されたとき、ひとりの女性が「紅燈照が私を召した」と言って修練場の泊まり込み小屋の中に閉じこもった。そのころ現場では、火攻めが行われていたのだが、一天にわかにかき曇り炎をあおる大風が吹いた。これは小屋の中で微睡む女性の魂が、現地に飛んで男子拳民を支援したのである。

この無敵なスピリチュアル航空部隊は外国へも飛べた。勇躍日本に向かえば、日清戦争で割譲した領土と、取り立てられた賠償金2億両《テール》を取り返すことができるともてはやされた。欧米にも軍勢は派遣できるだろう。彼女たちは、義和団の夢の一翼を担う特殊作戦部隊だった。

もちろん、男も女も、夢の中でしか飛べない。しかし紅燈照の評判が広まるにつれて〈目撃情報〉が出て来る。河北省桑園鎮で、ある者が夜騒いで言った。「天上眞現紅燈、是活神仙降下」。天に紅いランタンが本当に現れた、これは神仙の降下だ。見よランタン空に降り、見よランタン空を征く。同省青県では、地元の読書人（インテリ）が空中のひとひらの黒雲を指さして言った。「此中無數紅衣女子、卽紅燈罩也」。雲の中にいる女の子たちが見えないのかねキミは。そう言われた人は目を凝らしてみたが、何も見えない。まるでUFO目撃話である。ちなみに、空飛ぶ女子が見えなかった人は、後の述懐で、この青県のインテリが猖獗を極める義和団から我が身を守るため、わざと紅燈照が見えてるフリを演じてたんじゃないかと冷静に分析している。

ことわっておくが、紅燈照は義和団の男たちが指揮していたわけではない。リーダーも女性である。男の義挙に都合のよい存在として仮構された人々ではない。それゆえ、ジェンダー論からの関心を寄せる人々もいる。

「其神則封神演義、三國演義、水滸伝等書」

銃砲に負けないアーマー化した身体、重機も顔負けの怪力、機関車よりも速い移動能力、有線電信をしのぐケータイみたいな通信能力、そして敵を炎上させる空軍力。義和団の思い描いた超能力は、科学技術に基づいた列強の軍事力の強みをひとつひとつなぞり、それを超えるイメージを構想していた。彼らは、何が現実の場で重要なのかをわきまえていた。それを、「洋」のわざによらずに実現しようとした。この構想力は、知識層から生まれたものではなかった。「滅洋」に共鳴し義和団に参集した人々は、その多くが農民でありスモールビジネスに従事する市井の民だった。

夢を支えた動因のひとつは、無名の個々人を英雄にする「エンパワーメント」だったかもしれない。義挙に参加する、という運動の高揚を我が身に引き込むことによる自尊だけではない。修練する団民は、神を我が身に降ろすことで、神の力を心身にみなぎらせようとした。呪文を唱え、トランス状態になり、神が降りるのを待った。

団民が奉じた神を、当時のある役人はこう記録している。「其神則封神演義、三國演義、水滸伝等書」。彼らの神の多くは、市井の人々に馴染み深い物語や芝居のキャラクターだった。『封神演義』の楊戩(顕聖二郎真君)、『三国志演義』の関羽、張飛、諸葛亮、などなど。孫臏や姜太公(太公望)も名前が挙がっている。拳民が我が身に降りたと言った神の中には孫悟空、猪八戒、托塔天王(晁蓋。『水滸伝』の人物)のほか、芝居に出て来る俠客や大臣がいた。

妙なところでは李白までいた。あまり強そうではないが、酔っ払うと強いのかもしれない。あるいは生前と同様酔っ払って天界から転げ落ちてきたのかもしれない。

これらは男たちのチョイスした神で、紅燈照の女性たちは女性キャラを「降體之神」とした。人気が高かったのは樊梨花や劉金定だったという。樊梨花は小説や劇に出て来る架空人物だが、西涼の将軍で、物語の中では意中の男性を武力でゲットする超肉食系キャラである。劉金定は北宋の建国期に活躍した武将で、やはり男性を選ぶのにとりあえず武力で戦ってみるという厄介な人である。

もしも彼らが奉ずる神が、狭い地域でしか通用しない土地神だったら、運動もまた狭い地域に閉じ込められていただろう。誰でも知っている神仙や偉人の存在が、運動のブースターだった。ひいき目で見るなら、それは国民国家の下からの胎動であり、別の見方で言い換えれば、現代日本人がガンダムで盛り上がり、互いの紐帯を確認するみたいな騒ぎだった。

＊　＊

物語の力に加勢された夢が、いかに強力であろうとも、やがてリアリティ・チェックを受ける。戦闘の中で、拳民は次々と銃弾に倒れ死んでいった。

天津の義和団の中に、怪我人はひと撫でで治すし死人は呪文で甦らせると豪語する老師がいた。銃撃されて死人が出たとき、老師は無力だった。「そもそも被弾しないはずなのに、なぜ火器で死者が出るのか」。問い詰められた老師は、この者が「貪財」にふけっていたので神がその体に降りていなかったのだと言い訳をした。これには団員たちが、死者に濡れ衣を被せるのかと怒った。

北京では、洋人と教民が立てこもる教会を義和団がなかなか陥とせない理由をこう説明する人がいた。女性の陰毛で作った旗飾りを洋人が楼上に掲げたため、義和団は神が体につかなくなり勝てなくなったのだ、と。これは中国で昔からある陰門陣という呪法のバリエーションで、要するに呪法の失敗を別の呪法で説明しようとするものだった。

澤田瑞穂『中国の庶民文藝』に、両親から命じられて紅燈照に入った少女の嘆き節（数え歌スタイルの俗曲）が収められている。前線に送られ洋館を焼く任務に就いた彼女は、師妹が鮮血に染まり倒れるのを目にする。

「あせって呪文を唱えるのだが、呪文も護符も霊験なく、脚はしびれ腰は抜けて駆けようにも駆けられない、こうして、あたしはみすみす殺されてしまうのか」

少女は結局、「紅い頭巾も紅い脚絆もみんなかなぐり棄てて」家に逃げ帰る。1900年8月、列強連合軍は北京に入城し、西太后は西安に逃れ、団民は弾圧され散り散りとなり、残党も掃討され、義和団は消える。清の弱体化は進み、辛亥革命（1911～1912）によって中国は、アジア初の近代共和制国家として新たな歩みを始める。

5　東條首相の「力学」

「今の政治家や指導者たちに、科学性が足りないということは、今日では通り言葉になっている」

「いわゆる上層部の人たちが、一番非科学的であり、そのことが今日一番困ることなのである」

敗戦から間もない1949年、物理学者の中谷宇吉郎は、いまだに憤懣やるかたないといった口吻でこんな言葉を書き連ねた。雪の結晶の生成過程の研究で戦前から一般にもその名を知られた中谷は、戦時中、北海道・ニセコアンヌプリ山頂で、零戦の実機を使って航空機への着氷を防止する軍事研究に携わった。そんな中谷の頭に血をのぼらせたのは、戦争の最高指導者が国会の場で繰り広げた〈科学談義〉だった。

槍玉に挙がったのは東條英機。敗色の影が日本に忍び寄る1943年、彼は衆議院での質疑応答の中で、既存の力学を振り切り、重力の桎梏を断ち切って飛ぶ飛行機を夢想した。以下は、戦時下の宰相が夢見た、決戦兵器にもなりうる航空機の創意工夫の幻である。

「さん」づけで呼ばれた総理大臣

東條英機の祖父は、南部藩（盛岡藩）に士分として仕えた能楽師だった。だが父英教は上京して、陸軍教導団に入る。それは下士官を養成する兵団であり、軍幹部への登竜門でもあった。英教は陸軍大学校に進み、首席で卒業する秀才ぶりを示して欧州に派遣され、明治時代のエリート軍人としての道を歩んだ。ただ、彼の位階は中将で終わった。薩長などの藩閥が幅を利かせる時代ゆえに冷や飯を食わされたともいわれる。そして、息子に職業軍人として自分が果たせなかった夢を託したとの話もある。息子・英機は期待に応えた。努力家の彼は陸軍大学校で上位の成績をおさめ、父と同じように欧州に派遣された。

彼は有能な軍官僚になった。戦場での経験は決して豊富ではなかったが、軍部をまとめる力量には一目も二目も置かれていた。陸軍次官を経て、陸軍の意向を代表する陸相として入閣した彼は、1941年10月、当時の政治力学の中で総理大臣の地位に昇る。就任時点ではまだ戦争回避のための絶望的な努力を続ける人々もいたが、2ヶ月足らず後の12月8日、日本は対米英開戦に踏み切る。

戦争は周辺諸国に甚大な被害をもたらしつつ、日本を破滅の淵に引きずり込んだ。日本は世界で初めての、そしてこれまで唯一の、核兵器による都市攻撃を受けた国となった。だが開戦当初は赫々たる戦果が報道され、国民はひととき、スカッとした気分にひたり快哉を叫んだ。物資不足とさまざまな統制に怨嗟の声を漏らしながらではあったが、戦果を伝える大本営発表と皇軍の威武を讃える戦時歌謡に耳を傾けた。真珠湾は燃え、英国東洋艦隊は壊滅し、シンガポールは陥落し、落下傘部隊は南方の油田地帯を占領した。

束の間の〈栄光〉の中で、メディアに登場する首相はアイドルとなった。ほのぼのした記事に登場する時、彼は「東條さん」という愛称で記されるようになった。1943年2月6日付の朝日新聞は、3面でこのように書いている。「東條さんにいはせると——不可能だとあきらめてしまつて、どこに飛躍的な発明ができるか」。

「所謂狭量なんですね」

「飛行機珍問答で士氣鼓舞」「東條さんの決戰哲學」といった小見出しで彩られたこの記事は、前日の2月5日、衆議院で東條首相が開陳した航空機開発をめぐる私見を要約したものだった。その日の午後に開かれた戦時行政特例法案を審議する委員会で、決戦下の生産力増強にはさまざまな発明発見の奨励・活用が必要ではないかと問うた北海道選出の代議士の質問に答え、首相は述べる。

「兎角技術者ト云フ者ガ、是ハ陸軍ノ技術者ダケカモ知レマセヌガ、ドウモ自分ノ學問、自分ノ經驗、之ニ囚ハレテシマフ、サウシテ其ノ範圍ニ受ケ容レラレルモノハ宜シイ、其ノ範圍ニ受ケ容レラレヌモノハ適當ナラズ、或ハ不同意ダト皆劒テシマフ、所謂狹量ナンデスネ、サウ云フコトデ、折角立派ナ發明モ其ノ技術者ノ頭ニ受ケ容レラレナケレバ落第デス」

本人の治績への評価はとにかくとして、首相のこの文言は、科学技術やそのマネジメントにおけるブレークスルーの阻害要因について意識的だった。戦場では何が起こるか分からない、想定外だったということは敗北の同義語である。そんな軍人としてのプロフェッションに根ざした、ある意味定番な訓示的物言いだったかもしれない。しかし発明にせよ危機の回避にせよ、そこでは自己や同輩の思いこみの範囲を疑う「志気」が、しばしば重要な役割を演ずる。続けて彼は言う。

「人間ノ智慧ナドト云フモノハ好イ加減ナモノデス、好イ加減ト云フノハ失禮ナ話デスガ小サイモノデス、宇宙ノ眞理カラ云ヘバ極ク小サイモノデス、宇宙ノ幾多ノ現象眞理ト云フモノハ廣大ナモノデス」

学問と経験による知識の拡充はもちろん重要だ。だがより大きな視座を併せ持たねば大きな進歩はできない。東條英機はそう述べて、現代風に言えばR&Dの心得を説いてみせた。

そして彼は、「少シ脱線シテシマヒマスガ御許シ願ツテ」と前置きし、技術者のイマジネーションの限界を指摘する逸話として、帝大を出て三菱で航空機開発に当たっている自分の次男との対話を紹介した。首相は息子に、次の3つの問題を出したという。すなわち、①飛行場の要らない飛行機、②欧州まで半日で行ける飛行機、③燃料の要らない飛行機。そんなものは作れないだろうかと。

黙っていても地球は回る

①の飛行場の要らない飛行機を、滑走路不要の機体と解釈すれば、それは垂直離着陸機である。戦後、いくつかの機種が軍用機として開発された。たとえば、配備・導入をめぐるもめごとのタネとなっている米軍のオスプレイもそのひとつ。フィジビリティのある着想ではある。首相の言葉を伝える新聞記事を読んで「唖然とした」という中谷も、この点については「為政者の非科学性」の証左としてあげつらってはいない。ただし東條首相は息子に「飛行場をぶら下げて居る鳥は見たことはない」と、鳥の離着陸をモデルに語ったのだそうだ。彼の次男が「そんな箆棒《べらぼう》なことは出来ない」と言わざるを得なかったのも無理はない。

②の「欧州に半日で行く飛行機」は、さらに野心的だった。時間だけ見ればそうそう突拍子がないわけではない。現在のジェット旅客機の東京―ベルリン間のフライト時間は、だいたいそんなものだ。しかし首相はもっと野心的な飛び方を構想する。

「東京ノ上デ三万「メートル」位パアット飛行機デ上リ重力ヲ切ツテ見ロ、ドウナルノダ、重力ヲ切ルト默ツテ居テモ地球ガ半日デ廻轉シテシマフナラバ其ノ時ニ降リテシマツタラ宜イヂヤナイカ」「之ヲ煎ジ詰メテ行クノガ成層圏飛行機、之ヲ以テモツト進歩サシタナラバ、是ハ重力ヲ切ルコトニナル、サウスルト半日デ行ケルコトニナル」

それは飛行機という概念そのものを振り切っております、閣下。

余談だが地動説を支持してえらい目に遭ったガリレオ・ガリレイは、著書『天文対話』の中で、登場人物のひとりサルヴィアチにこんなことを語らせている。すなわち地球が動かぬことを素朴に信じている人々は、「今日の昼食をコンスタンチノポリスでとらず、夕食を日本でとらないことを見ることであって、これがもっとも決定的な証明である」などと考える。サルヴィアチは辛辣に言う。そのような「人びとの頭脳はあまり尊敬されるべきではありません」。

地球の自転を前提にしている点で、首相の着想は異なっていたが、ガリレオの化身であるサルヴィアチと同様に、中谷もまた辛辣だった。「こういう演説を、曲りなりにも文明国と思っていた国の首相の口から、しかも議会の壇上からきこうとは、さすがに夢にも考えていなかった」。

東條の発言を弁護して、宇宙空間を飛ぶロケットを引き合いに出す人もいた。しかし原理がそもそも違うので、それは贔屓の引き倒しというものだろう。中谷の弟子である東晃によれば、陸軍士官学校では物理学を学ぶはずなのに、と中谷は嘆いていたそうである。

③の燃料不要の航空機について、首相はこう述べている。

「油ヲ使ツテ走ルト云フヤウナ馬鹿ゲタコトハ止メタ方ガ宜イデハナイカ」「油ト云フ問題ニ制限サレルカラ困ル、然ラバ空中ニ燃エルモノハナイカ、是ハ御存ジノ通リ澤山アル、水素デモ何デモ之ヲ簡單ニ取ツテグン〳〵走ツテ行ツタナラバ少シモ燃料ニ不自由ハシナイ」

ご存じの通り確かに大気中には水素がある。しかしそれはごく微量である。中谷は、東條首相のこの着想がどこから出てきたかを思案している。大気の上層には軽い気体が多くなるという理論を、どこかで聞きかじったのではないか。すなわち「いわゆる通俗科学記事の仲立ちで、東條首相の耳学問の一つになったのかもしれない」。そして、「耳学問は科学の敵であって、それはプラスよりもマイナスの場合の方が多いのである」。

　中谷は一般メディアの科学解説に決して好意的ではなかった。彼は首相や代議士たちに対してともに、新聞にも眉をひそめた。さらに軍人や技術者が「馬鹿」で科学者も「暗愚」で、ひいてはその背景に「国民一般の根強い非合理性」があると四方八方に八つ当たりした。

「技術者ばかりは責められない」

　東條首相が議事堂の一室で所説を語っていたさなか、はるか南方のガダルカナル島では、2万人以上の死者を出し壊滅的な打撃を受けた同島派遣部隊の撤退作戦が実行されていた。戦局は不気味なきしみとともに転回しつつあった。議会で答弁に立つ首相の胸中に、どんな思念が去来していたかは知るよしもない。しかし、日に日に厳しさを増す状況の中で、事態を打開する方策が求められていたことは間違いない。たとえそれが、難局の中で人が抱く夢想であるにせよ。

　2ヶ月半後の1943年4月には山本五十六元帥の搭乗機が撃墜され、国民的英雄だった元帥が戦死した。同年5月にはアリューシャン方面アッツ島の守備隊が全滅した。日本にとって戦況は悪化の一途を辿っていった。サイパン島を失陥した直後の1944年7月、東條内閣は総辞職する。

　このころすでに、戦局打開のための新兵器の検討が始まっていた。それは、東條英機がかつて抱いた夢想とはまったく異なるものだった。航空機や舟艇が爆弾を積んだまま目標に体当たりする「特別攻撃兵器」の運用が、現実の遂行課題として上層部に認識されたのは、サイパン陥落が不可避となった同年6月末の元帥会議の場だったという。断末魔の帝国は、既存の力学の中で、残酷な運命を人々に強いた。身を挺して死地におもむく人を渇望した。「超越」は科学技術の中にはなく、人倫の中に求められた。

敗戦から60年を経て、かつて父親から無理難題をふっかけられた首相の次男は、こう述懐している。

「父、東條英機は常に信念の人、無私の人だった。私はそう思っています」「学校を出てから人生の大半を航空機の世界で過ごしてきたわけですが、父の影響はほとんどありませんでした。しかし、大学の進路選びで悩んでいたときに、父が航空機の世界に進むことを後押ししてくれたことが、その後の私の人生を決定づけたとは今でも思っております」

その人、東條輝雄は戦後、国産旅客機YS-11やC1輸送機の設計に携わった。彼の飛行機は父の世代の夢想を断ち切って飛んだ。彼は三菱重工副社長を経て三菱自動車工業社長、会長を歴任した。私たちは超越のかわりに、経済成長と技術立国を手に入れた。

そして今、その繁栄と信頼を、失いつつある。

「私ハ軍事ノ専門家ダガ、往往ニシテ軍事的ノ事柄ガ軍事ノ専門ニ囚ハレテ、時トシテ軍人以外ノ人ガ大キナ立派ナ案ヲ教ヘテ呉レルコトガアル」「アナタ方モ立派ナ政治家デアル、政治家デモソレニ囚ハレテシマフト、寧ロ吾々見タイナ政治ナドハ一向知ラナイ男ガ場合ニ依ツテ偶ニハ良イコトヲ言フコトモアル、ソレダカラ技術者バカリハ責メラレナイ」

中谷の八つ当たりと微妙に響き合うこの言葉の裏を返せば、専門家は信じられないということだ。

国家・国民レベルで、専門性への信頼が失われ、何が起こっているのか分からない混沌を、国難という。

日本を滅ぼしかけた1943年の首相は、問わず語りに、国難を的確に描写した……さて21世紀を生きる私たちは？

コラム――湯川秀樹の光線兵器

「ふと氣がつくと晴れた空に一筋の白い雲のやうなものが見える。雲の筋は日本本土のある山の中腹から出てゐる。そこには大きな洞穴がある。穴の中には物凄く大きな鉄の塊のやうなものが見えるが暗くてよくわからない。細い雲の筋は東の方へずつと延び、太平洋を越え大きな弧を描いてアメリカ首都ワシントンの上に落ちてゐる。忽ち物凄い火柱が立つた。激しい爆音と共にワシントンの街は木端微塵に吹き飛ばされてしまつた」

1945年1月8日付朝日新聞に、こんな記事が出た。ワシントンを吹き飛ばすこの超兵器の夢を綴ったのは、物理学者の湯川秀樹だった。彼は「この音で眼が覚めた」と軽くオチをつけたあと、いわゆる「殺人光線」の候補をずらずらと並べ立てた。しかし――。

α線、β線、γ線、X線は遠方に届かないのでダメだろう。中性子は透過力が比較的強いが、現時点で可能なエネルギー程度ではやはり到達距離が短く、しかもビームの集束が困難である。ニュートリノ(当時はまだ理論的存在だった)は貫通力がすごい。だが、当たってもほとんど何の作用も起こさない。ならばエネルギーが大きい宇宙線はどうか。やはり空中で大部分は吸収されてしまうだろうし、そうした強力な放射線を作るには、巨大なサイクロトロンが必要だ。

「現在できてゐるサイクロトロンを何十倍、何百倍もした巨大な装置が入用らしい、洞穴の中に見えた物凄い鉄の塊のやうなものがこれだつたのかも知れない……」

彼は、ワシントンを攻撃する光線兵器にかこつけて、現代物理学の知識をわかりやすく説いた。ついでにさりげなく、大型粒子加速器への物理学者の期待、ないし欲望を語りかけた。それは今日、欧州原子核研究機構（ＣＥＲＮ）などの大型加速器へと結実している。

科学は夢を語る。語られた夢に、人々は夢を託す。夢の駄賃に税金を払う。科学はそれを食べて育つ。食べて私たちにまた夢を見せてくれる。夢の下地が、たとえ兵器であろうと、何だろうと。

科学は獏《ばく》だ。夢を糧にする。そして私たちもまた。

人間は獏である。

6　おうい毒雲よ、どこまで行くんか——自由と正義と生物兵器

不安、焦燥、恐怖、怒り。あるいは自分の愛する世界の危機を目の当たりにする悲劇の感覚。

かつて深刻な病から人々を救い、現在も救い続ける業績を残した男は、世界を守るために、人々を病で斃《たお》すことにした。１９４０年10月10日の深夜、彼は日記にこう書きつけた——３００万〜４００万人の蛮《フン》族の若者たちを殺す。慈悲も感情も抜きで殺す。蛮族たちが本国にいても殺す。

「奴らを殺すのは私たちの仕事だ(It is our job to kill them)」

書いたのはフレデリック・バンティング（1891～1941）、カナダ生まれのカナダ人。1923年のノーベル賞受賞者。インスリンの発見者として糖尿病の治療に大いなる福音をもたらした医師。そして殺されるべきとされたのは、ヒトラー率いるドイツ人。

平和な時代なら、彼もこんな言葉は吐かなかったろう。しかしすでに第二次世界大戦の火ぶたは切られ、世界は人殺しの真っ最中だった。フランスは降服し、ドイツ空軍の英本土爆撃が始まっていた。日記が書かれた翌月には、〈裏国連〉とも言うべき日独伊三国同盟にハンガリーが加わり、まもなくルーマニアとスロバキアが続いた。枢軸国《アクシス・パワーズ》はいまだヘタっておらず、英連邦は危機のさなかにあった。

大好物のウイスキーをすすっても焦燥は消えない。バンティングの懸念は、伝染病を戦争に使うテクノロジーだった。ドイツは科学の国だ。病原微生物の扱いはお手の物だ。彼らは細菌戦を仕掛ける能力を、いまや着々と蓄えているに違いない。そしてイタリアも日本も。もしも彼らが、私たちの陣営に、恐るべきバクテリアやウイルスで襲いかかってきたら……。なのに連合国には備えがない。我らは早急にこの分野、すなわち病原体を戦力に変える技術開発を本格化させるべきである。

トゥルー・パトリオット・ラヴ（カナダ国歌の英語版の一節）だかドクター・ストレンジラヴ（スタンリー・キューブリックの世界破滅映画の主人公）だかよくわからなくなりつつ、バンティングは伝染病をばらまく技術と、防御方法の開発にのめりこんだ。彼は病原体の軍事利用研究の必要性を英加両国の要人に説き続け、それは連合国側が生物兵器に取り組むキックスタートとなった。

第一次大戦の英雄

面長でダンディで、名優ピーター・セラーズにちょっぴり似ていなくもないバンティングは、社交的だが出しゃばらず、野心的だが用心深く、冗談は好きだが度は超さず、社会人として望ましい抑制の利いた人物だった。オンタリオ州の農場が実家で、羊を育てる手伝いをしながら育ち、垢抜けない男らしさの象徴のように酒と煙草を愛した。大学進学の資格試験で2度落第するという偉大な科学者の伝記では必ずやチャームポイントになる〈好成績〉を残した彼は（とくに英作文とフランス語がダメだった。物理も悪かったが、それは化学で稼いだ点でカバーできた）、トロント大学に進み医学を学んだ。医師を目指したのは、はしごから転落して大怪我をした人を、駆けつけた医師が処置する手さばきに惚れたからだという。彼の関心は、外科にあった。

体力・体格に恵まれラグビー選手としてならし、下宿では夜中まで勉強し、女性との清らかな交際も怠らない青春小説キャラみたいだった彼は、第一次大戦が始まると男らしく軍務を志願してカナダ陸軍医療部隊に入隊した。昼は学生、夜は軍病院の当直をしながら卒業し、大尉に任官して欧州に派遣される。

1918年8月、所属する大隊の進出とともにベルギー国境に近い最前線に向かったバンティングは、弾丸雨あられの激戦の中で負傷者の手当に忙しく立ち働いた。しかし、近くで敵弾が炸裂。破片が右上腕の骨の間に深く突き刺さる。頑強なバンティングは、なおも前線にとどまりたいと男らしくゴネたが、さっさと後方に送られ金属片の摘出手術を受けた。しかし患部からの感染がこじれて、退院したら戦争は終わっていた。

戦場での勇敢さを讃えられて大英帝国の戦功十字章を貰ったバンティングは、1919年に除隊後、トロントの名門小児病院に勤務する。メインの担当は整形外科だったという。ただ、戦場では大活躍だった彼も、一線級の臨床医がぞろぞろいる場では凡庸だったらしい。スタッフとして残れず、1年ほどで去ることになる。〈ジャマなか〉と呼ばれたという整形外科医時代の山中伸弥さんに、ちょっと似ている。

借金をして、郷里に近いオンタリオ州ロンドンで友人とともに医院を開業したが、患者があまり来ない。戦争の間待っていてくれたカノジョとの仲も不穏になる。アルバイトよろしく、ロンドンにあるウェスタン・オンタリオ大学医学部の講師をしたのが、運命の分かれ道となった。

アカデミアの垢にまみれず

以下はインスリン発見史という、それだけで科学史のテーマとなるめんどくさい話なので、ごくかいつまんで言うと、1920年10月30日の夜、翌日の講義のために膵臓についておさらいを済ませたバンティングは、寝床でたまたま読んだ医学雑誌に出ていた症例報告にヒントを得て、それまで誰も成功していなかった未知の代謝ホルモン、すなわちインスリンを抽出する方法を思いついた。膵臓をバラしても抽出できないのは、膵臓の中にインスリンを分解する酵素を出す部分があるためで、その部分を無力化すればいいいんじゃないか。

論文は、膵臓から出る管(膵管)が結石で詰まると、酵素を出す部分が萎縮すると報告していた。人工的に詰まらせる、つまり膵管を縛れば、同じことが起きるだろう。かつ、手術で膵管を探り当てて縛るのは外科の仕事だ。

カネはない、恋人には逃げられる、そもそも膵臓や生理学には素人、などなどの苦難を乗り越えて、男一匹バンティングはトロント大学の教授から「失敗の可能性は大だが、面白そうだからやってみなさい」との心温まる支援を受け、助手とともに1921年5月からトロント大学でイヌを使った実験に取り組んだ。無給研究員だったので、研究室のバーナーで自炊したり友人にたかったり近所の聖書学校が参加者に配るタダメシを食いに行ったりする気合いの入った節約でしのぎつつ、バンティングはイヌの腹をかっさばき続けた。大学が用意したイヌでは数が足りなくなって、彼は街頭でイヌ集めを行い、トロント大学に入ったきり出てこないイヌの都市伝説が生まれた。

実験は最終的にうまく行き、ウシの胎児から取り出したインスリンを使った人間での臨床実験も成功、バンティングの仕事はマスコミも大きく報道し、1923年度のノーベル医学生理学賞があれよあれよという間に転げ込んだ。

ただ、この栄光は彼に苦い思いをも残した。彼はそれまで一匹狼の臨床医に過ぎず、アカデミックな研究組織とはほぼ無縁の人物だった。ノーベル賞は、研究チームを組織・指導したトロント大学のジョン・マクラウド教授との共同受賞となった。実務をともにこなした助手、チャールズ・ベスト（のちに世界保健機関顧問、英王立協会フェロー）は選に漏れた。また、国外にも同様な実験をしていたチームがあり、バンティングらの受賞にはいちゃもんがついた。もろもろの出来事は、出し抜かれて顧みられないことへの不安を刷り込むのに、たぶん十分だった。

学術界のイヤな面をイヤというほど見たバンティングは、グチるかわりにより高い徳行で応ずることにした。共同受賞を逃したベストと、自分の賞金をはんぶんこにして分かち合い、トロント大学で研究所を率いることになってからは、自分が実務に関わっていない論文に名前を連ねることを避けた。名前を載っけて業績を増やす？　なにそれ？

彼は業界での権威・権力には無関心だった。目前の課題《タスク》をどう解くかに熱中する、とことん現場の実務家だった。研究所の運営は民主的で、チームワークが重んじられ、彼は若手を励まして才能を引き出す名伯楽だった。人間なので腹を立てて過激な言葉を吐くことはあったが、昔はブログやツイッターがなかったので、徒然の罵詈雑言は日記にひそやかに書いて済ませ、人々を炎上させることはなかった。彼はインスリンの先取権をめぐる経験から、自分の思いつきを記録しておく丹念な日記を毎日欠かさなかった。ついでに、余技の油絵にも熱中し、なかなかの腕前を見せた。

そして再び戦争がやってきた。

将軍《ジェネラル》とジェネラリスト

バンティングが生物兵器の脅威を強く意識するようになったのがいつ頃かはわからない。ただ、スペイン内戦に介入したドイツがゲルニカを空爆した1937年には、彼の考えははっきりとした形をとりつつあった。同年、バンティングは国内の研究機関を束ねるカナダ国立研究機構の理事のひとりに選ばれ、機構長と親しく接する立場を得た。同年9月11日のミーティングで、彼は機構長と病原体の軍事応用の可能性について仔細な意見を交わした。

何の配剤か知らないが、たまたまその時の機構長はカナダを代表する軍人だった。彼、アンドリュー・マクノートンは、鼻髭をたくわえ眼光あくまで鋭いコワモテの将軍で、後に国防相や国連大使を歴任するが、泣く子も黙るその表情の険しさは、胃痛か下痢を我慢しているかのようにも見えた。ナチスと戦うカナダの英雄として米『タイム』誌の表紙を飾ったときにも、そんな顔で描かれている。

マクノートンが畑違いの国立研究機構の指揮をとっていたのは、彼自身が無闇なアイデアマンだったせいである。1932年、制服組トップである陸軍参謀総長を務めていた彼は、よせばいいのに「大恐慌」に戦いを挑んだ。ニューヨーク株式の暴落に端を発した不況はカナダに波及し、街頭に失業者があふれる事態になっていた。視察したマクノートンは、こりゃ革命が起きかねんと心配し、軍が設営する「救済キャンプ」を失業者の住まいとして提供し、道路建設などの公共事業で働いてもらう、というプランを打ち出した。

政府も乗り気になって、計画は実行に移されたが、この〈救貧ビジネス〉は軍には荷が重すぎた。滑り出しこそ歓呼で迎えられたものの、狭くて不潔で自由がないキャンプからは困窮者が裸足で逃げ出す事態になった。各方面から批判の集中砲火を浴びた保守党政権は1935年、選挙が近かったのでマクノートンをトカゲの尻尾にして逃げた。尻尾の行き先が、国立研究機構の機構長だった。

ただこの人事は、戦争の時代にはうってつけだった。マクノートンは、予算不足のカナダ軍が来るべき戦争に備えて兵器研究を行うのを側面から支援する立場になった。それには毒ガス防御といったテーマも含まれていた。バンティングの語る細菌戦問題に、マクノートン以上の聴き手はいなかった。

マクノートンは、現代の戦争が総合的な科学力の戦争であることをはっきり認識していた。第二次大戦が始まった直後には、カナダ全土の大学の学長宛てにこんなメッセージを送っている——理系の院生の入隊意欲を挫いてください〈カナダは志願兵制だった〉。第一次大戦では、多くの科学者やその卵が兵士として死んだ。それが軍事的に見ても途方もない損失だったことを、マクノートンは理解していた。陣営の違いを問わず、科学者が戦争に不可欠な資源であることは、常識になろうとしていた。

マクノートンはバンティングに、生物兵器に関する覚書の作成を依頼した。細菌学・ウイルス学は本来は畑違いだったが、バンティングはそれまでも珪肺症から労働者を守る研究や、さらにはカナダ北極圏の資源開発問題の顧問など、多様な仕事をこなしていた。数日後、バンティングは7ページからなる覚書を届けた。彼は戦争という〈現場〉で考慮すべき要素を的確に把握していた。すなわち、航空機による撒布と組み合わせることによって、病原体ははかりしれない破壊をもたらしうる手段になるだろう。候補となる感染症と、その〈使い方〉もそこには列挙されていた。腸チフス、コレラ、赤痢は水源地の汚染に。破傷風、狂犬病は弾に仕込んで。ボツリヌス菌は食品汚染に。オウム病、炭疽、口蹄疫は家畜向けの作戦に。

万一戦争が起こったときの不吉な予測も、覚書には書き添えられていた。「ドイツ、イタリア、あるいは日本が、これらのどれかを使うのは疑いようがありません」。

1925年のジュネーヴ議定書は、実戦で猛威を振るった毒ガスとともに、来るべき生物兵器の使用も禁止するとの文言を入れていた。しかし禁じられるのは使用であって、研究には規制がなかった。そして、未曽有の総力戦となったときに、世界の国々がお行儀よく振る舞うかどうかは誰にもわからなかった。

英国はわかっちゃくれない

バンティングの覚書はマクノートン経由で英国政府の関係者にも伝達された。だが、英国側の反応は冷ややかだった。

英国はすでに1936年、政府部内に細菌戦小委員会を設け、同年11月に最初の会合を開いていた。委員長を務めたモーリス・ハンキー卿は、第一次大戦のさなかから帝国国防会議議長をえんえんと務める防衛問題の大御所だった。委員には、ビタミンDの発見に貢献したエドワード・メランビー卿はじめイギリスを代表する医科学者らが加わっていた。

小委員会は、攻撃用生物兵器に懐疑的だった。倫理的・法的な観点というより、よりプラグマティックに、有効性に疑問があるためだった。そんなものの開発・研究に資源を費やすより、敵国による通常型の空襲と、それにともなって副次的に懸念される伝染病流行に対処する緊急医療システムの構築の方が重要ではないか。ちなみにこの方針は戦時下、英国内の多くの病院を組織化した「緊急医療サービス（Emergency Hospital Service）」と、感染症に対処する医学研究機関のネットワーク「緊急公衆衛生研究サービス（Emergency Public Health Laboratory Service）」につながっていく。

バンティングは、英国およびカナダ政府の生物戦への無関心に、だんだん不安を募らせていった。

1938年、ドイツがチェコスロバキアの領土への野心を剝き出しにして、戦争の危機（いわゆるミュンヘン危機）が起きたときには、生物戦に備えて抗血清やワクチンの備蓄を進めるべきだとマクノートンに進言した。だが、同じ頃カナダを訪問していたメランビーは、細菌戦は起こらないだろうと述べ、カナダ軍参謀本部も、伝染病への対応は保健省と農務省が主務官庁だという見解だった。

1939年9月、ドイツ軍がポーランドになだれ込み第二次大戦が始まっても、英加両国、そして米国は生物兵器に不熱心だった。一方のバンティングは、トロント大学医学部の面々には、軍隊に入らず研究者としてお国のために尽くすべしと訓示して、自分はさっさとカナダ陸軍に再入隊してバンティング大尉となった。本音では男らしく前線に赴きたかったようだが、周りに止められて、少佐に昇進するとともに本国で軍事用医学、航空医学の研究班を率いることになった。

同年11月末、バンティングはマクノートンに働きかけて、マッギル大学の毒物学者イズラエル・ラビノウィッチとともに英国に渡る。主たる目的は、英国の化学戦能力の視察と、カナダ側科学陣の協力動員の調整だったが、メランビーの協力で生物兵器に関してもあちこちで要人に働きかける機会を得た。

バンティングの生物戦についての思案は、この時点でかなり深まっていた。それは単なる兵器運用を越えた戦略概念にまで到達していた。すなわち、装備が機械化され、空軍力が導入された現代の戦争では、前線の兵士1人を支えるために母国で働く労働者が8～10人必要であるだろう。「だとすれば、母国にいる非武装の労働者10人を殺したり動けなくしたりすれば、兵士1人の活動を停止させることになる。もしもそれがより少ないリスクで可能ならば、いかなるものであれそれを達成できる戦争手段を採用するのは有利であるだろう」。その有力候補は、もちろん生物兵器。病原体をまぶした粉塵《ダスト》を飛行機から撒布すれば、それは達成されるだろう。

同時に彼は、そのための工場規模の病原体製造施設と、そこで働く人々を守る安全基準作りが必要だと想定していた。念頭には、彼が1928年から4年間トロント大学で取り組んだ珪肺症の研究があったかもしれない。

バンティングは「カウンター・インテリジェンス」も考えていた。敵の攻撃ないし破壊活動が疑われる感染発生をサーベイし、病原体培養に必要な装置類の取引を監視し、アウトブレークに備えて市民向け広報活動と万一の場合のマスクの配給を行える組織を作るべし、と提案していた。彼は、郵便物に病原体をしのばせて送りつける手法にも言及している。

結論。「英軍はドイツが仕掛けるあらゆる攻撃に10倍のお返しをする構えをもつべきだ」。そして、有効な防御手段が確立できるのは「攻撃手段の研究によってのみである」。

彼は文書にまとめた持論をあちこちに届けた。英軍内には理解を示してくれる将軍もいたが、おおむね冷淡な反応は変わらなかった。ハンキーからは外交辞令のような賛辞を得ただけだった。

1940年2月、バンティングはいささか気落ちしつつオタワに戻るが、本国の国防省も相変わらずつれないので、さらに悶々とすることになった。このころの日記には、英国政府を動かしているのは「とびきりのバカ(superior ass)」だとか書かれている。

バンティングはしばらく、加速度でパイロットが失神する問題など、航空医学研究を指揮した。さらに毒ガス研究の面倒もみることになり、彼の研究所の人々は倦まずたゆまず毒物の生物学的影響を調べた。バンティング自身も男気を見せて、マスタードガスの成分を皮膚に塗る実験のモルモット役をかって出て、足に名誉の傷跡を作った。

民間活力の導入

１９４０年6月にフランスがドイツ軍の電撃戦によって降服し、バンティングの悪しき予感はますます現実味を帯びていった。彼は、電撃戦の成功は、部分的には生物兵器の利用によるものではないかとまで考えた。ならば、もしも英国本土への侵攻が始まれば、そこでも必ず。

軍務に戻ったマクノートンにかわり、新たに国立研究機構の機構長代行に選ばれたサスカチュワン大学の土木工学教授チャルマース・ジャック・マッケンジーは、バンティングとカナダ名産ライ・ウイスキーを飲みながらたちまち意気投合し、彼の主張の支持者になった。

続けて、航空医学研究についての折衝の一環で、政府側幹部と面会したバンティングは、ここを先途とばかりに持論を撒布しまくった。耳を傾けたのは、同年新設されたばかりのポストである航空国防担当副大臣を務めていたジェームズ・スチュアート・ダンカンだった。彼は実業界からスカウトされた人物で、英連邦最大手のトラクター製造会社マッセイ・ハリス(現マッセイ・ファーガソン)の重役が本業だった。翌年には社長に就任するやり手のダンカンは、バンティングの熱意に感染し、早速動き始めた。ただし国家予算を動かすのは難しかったので、古巣の実業界に愛国的拠金を呼びかけることにした。

呼応したのは、大手百貨店イートンズの当主ジョン・デビッド・イートンと、カナダ太平洋鉄道社長エドワード・ビーティだった。酒類製造販売大手シーグラムを率いるサミュエル・ブロンフマンが後に続いた。彼らはそれぞれ大金を積み上げ、他の人々からの寄付も束ねて総額は最終的に130万ドルに達した。当時、兵器のための献金は各国で盛んに奨励されていたが、この金は秘密兵器開発に使われるので、おおっぴらに語るわけには行かなかった。つまり企業の社会的貢献の宣伝には使えぬ秘密募金。ダンカンの力量である。

その後の動きは早かった。1940年7月6日、マッケンジーはまずイートンとビーティに細菌戦の基礎研究をバンティングに任せたい、ついてはカネを回すのに同意して欲しいと根回しをした。その上で7月9日、彼らとともに国防相ジェームズ・ラルストンに面会を求めてプランを説明した。前任者が航空機事故死したため4日前に国防相に就任したばかりのラルストンは、1920年代にも国防相を務めた経験のあるベテランで、その日のうちにカナダ内閣戦時委員会の場へ細菌兵器開発構想を持ち込み、バンティングはじめ民間有志が航空機から病原体を詰めた弾をばらまく技術開発の準備をととのえていると焚きつけた。

集まった金の運用は、産官学の代表を集めて新設された戦時技術科学開発委員会（WTSDC）が担うことになった。いささかお手盛りに見えるが、そのメンバーにはマッケンジーとともにバンティングも名を連ねた。

政府の裁可は降りた。カネも来た。行け、バンティング！

野外実験と英雄の死

基礎的研究が始まった。どの病原体を使うかという問題とともに、病原体をくっつけておく「運

ずがよかろう、ということになった。

搬役」に適した微粒子が検討課題となった。小麦粉か、炭素のススか。最終的に、粉塵状のおがくずがよかろう、ということになった。

１９４０年10月、野外撒布実験用に航空機が使えることになった。トロントの北東にあるバルサム湖で、おがくずを撒く実験が行われた。その広がり具合を、バンティングらは湖上でチェックした。彼の判断では大成功。10月10日、実験に使われた航空機で、バンティングはオタワに飛び、ラルストン国防相に会って本格的な兵器用病原体の生産へのゴーサインを求めた。冒頭の日記が書かれたのは、その日のことである。

バンティングは、百トン単位の病原体生産が安全かつ迅速にできる工場を想定していた。彼の部下の科学者は、チフス菌をおがくずに付着させる研究に取り組んだ。11月19日、ダンカンが電話をかけてきた。「青信号がともったよ」。カナダのマッケンジー・キング首相が、国防省の生物兵器研究に正式な承諾を与えたという知らせだった。

まもなく、主だった研究者らが招集され、生物兵器開発のための新たな秘密委員会が作られた。それには「M－１０００」というコード名がついた。人々は前につんのめるように細菌戦の技術開発に進んでいった。

ただ、このころから、バンティングはちょっとメランコリックな雰囲気になった、という周囲の回想がある。心のうちはわからない。自分ひとりだけのものだった不安が、ようやく人々に理解され、物事が形をとって動き始めたことに、一種の虚脱を感じたのかもしれない。あるいは、不安の影に隠れていた罪の意識が、頭をもたげたのか。彼は、死を覚悟するような言葉を口にするようになった。

カナダから英国へ回送される爆撃機に同乗することができると聞いたバンティングは、それに乗って再び英国に渡ることを志願した。空席待ち状態がしばらく続いたが、やがて空き便が出た。

1941年2月20日、ニューファウンドランド島ガンダー飛行場を飛び立った英空軍のロッキード・ハドソン機はエンジントラブルを起こし、飛行場に戻る途上で同島内陸の湖沼地帯の森に墜落した。乗員3人と乗客1人のうち、生き残ったのはパイロット1人だけだった。乗客はイギリスに向かおうとしていたバンティングだった。大けがをしながら、彼は翌日まで生きていて、立ち上がり、歩き始め、しかし力尽きて倒れ、雪の中に顔を突っ伏して死んだ。墜落現場が航空捜索で見つかったのは、事故から4日後だった。

しかしバンティングの撒いた種は、芽吹いていた。弔い合戦のように、カナダの科学者たちは、生物兵器開発プログラムを引き継いだ。英国もすでに、カナダの状況を横目に、自分たちも生物戦の研究に乗り出そうとしていた。バンティングの死の直後の2月24日には、炭疽菌の撒布用の微粒子化がうまくいったという報告書が書かれている。日本との開戦を経て、メランビーは家畜向けの炭疽菌を混ぜた飼料を航空機でばらまく生物戦能力について報告し、戦時内閣と参謀本部は、攻撃型生物兵器の研究開発を承認する。

アメリカにも種は飛んでいた。1940年12月の段階で、米国立保健研究所(NIH)は、バクテリアなどの病原体が戦争に使われる可能性を検討する秘密委員会を作る件で、バンティングにこっそり接触していた。バンティングのプランはまた、C・J・マッケンジーを通じて米国の軍事科学顧問団の親玉たるヴァネヴァー・ブッシュにも伝わっていた。ブッシュは関心を抱き、ほどなく米軍は生物戦のための専門基地をメリーランド州フォート・デトリックに設営する。それは、冷戦を経て、バイオテロ防御などを任務とする米陸軍伝染病医学研究所（ＵＳＡＭＲＩＩＤ）に引き継がれている。

＊　＊

２０１４年春、エボラ出血熱のアウトブレークが西アフリカで発生した。「国境なき医師団」の国際代表ジョアンヌ・リューは9月2日、ニューヨーク市の国連本部で「この疫病を抑え込むには、加盟諸国が有するバイオハザード封じ込めのノウハウを持つ文民および軍をただちに展開することがぜひとも必要だ」と訴えた。呼応するように9月8日、英国が軍医療班を派遣する意向であると伝えられ、9月16日にはアトランタの疾病予防管理センター（ＣＤＣ）を訪れたオバマ大統領が３０００人の兵員を現地に送り込むと発表した。

9月18日、国連安全保障理事会はエボラ出血熱が「国際平和と安全への脅威（threat to international peace and security）」だと全会一致で議決した。エボラウイルスは、病原体としてエイズウイルスに続いて史上2つめの軍事レベルの〈パブリック・エネミー〉に認定された。

現地では、ＣＤＣとともに、ＵＳＡＭＲＩＩＤの要員が、凶悪な感染症への対処に奔走した。バンティングは、あるいはやはり遠回しに、人々の命を救う仕事を残したのだろうか？

第2章

気の迷い

U-ホール社のトラック車体にカナダ・アルバータ州のチャレンジ精神を記念する「ご当地テーマ」として描かれた氷山空母「ハバクク」の想像図と実験モデル船．出典：http://www.uhaul.com/SuperGraphics/169/Venture-Across-America-and-Canada-Modern/Alberta

〔本章概要〕「ねえディーマ」「なんだいヴォロージャ」「哀しい笑いを浮かべちゃだめかい」「君が笑うと凄みがありすぎるよ、ヴォロージャ」「この章に出てくる思い付きだけで何十億ルーブリもムダに費やされている」「僕らの企てが予算になるとき、それはそういうことになりもするんだよ」「負けたくない健気な心が、迷い家のように無謀な計画に吸い寄せられる……科学者や技術者や納税者を巻き添えにしてね」「でも人事を尽くしたら天佑にすがるのも僕らの人間性じゃないかな」「だめだよディーマ、天佑にすがりついちゃ」「どうしてだい、ヴォロージャ」「モスクワは阿弥陀を信じない」「ちょっとすべってるよ、ヴォロージャ」

7　007ハゲるのは奴らだ！――CIAの脱毛大作戦

人間とは奇妙なこだわりの持ち主で、頭髪が減るのは必死に防ごうとするくせに、脇毛やすね毛は惜しげもなく脱毛してしまう。毛の気持ちを忖度すれば、たまたま生えた場所でなぜこうも待遇が違うのかと嘆きたくもなろうが、これはヒトがたまたま生物界で珍しく毛の生え方が不均一な生き物であるせいだと言いくるめて納得してもらうほかなかろう。

不均一であるということは、そこに他の個体に訴えかける力（信号価）をもたせる余地が生ずるということである。体色についての有名な例を挙げれば、動物行動学者のニコ・ティンバーゲンが研究したセグロカモメのくちばしがある。彼らのくちばしは黄色いが、下側先端には赤い斑点がある。親鳥のこのくちばし（加えてその仕草）を見たひなたちは、メシをくれという盛んな行動を誘発される。体の一部の特徴的なしるしが、はらぺこの子供たちに絶大なる期待をかきたてるのである。

米中央情報局（CIA）はたぶんティンバーゲンの研究には関心が無かったろうし、セグロカモメもたぶん国防上の重要な査察対象となったことはない。だがCIAは、自国のすぐ近くにできてしまった革命政権の指導者の体毛について、セグロカモメのくちばしの赤い斑点とほぼ同様な仮説に達した。

すなわち、1959年1月のキューバ革命を率い、新政権の首相に就任したフィデル・カストロ（1926〜）は国民から大いに支持されている。米国人にまでファンがいる。彼の人気の源は何か。

トレードマークである彼の見事なひげなのではないか。だとすれば、もしもカストロのひげを何らかの手段で根こそぎ除去して、つるりとしたしまりのない顔にしてしまえば、情熱的なキューバ国民の彼に対する期待はあっと言うまに萎み、影響力は大いに削がれ、ひいては抜け毛もろともカストロを政治の場から除去できるのではないだろうか。

いささかアヤしいかもしれないが、とにかく仮説はできた。あとは実験あるのみ。「論文を書くか、消え去るか(publish or perish)」という格率に忠実な働き者の科学者のように、さっそくＣＩＡは世にもおそるべき「カストロ脱毛作戦」に乗り出した。危うし、カストロ！　エステが似合うお年頃じゃあないぞ！

カストロはヒゲが命

米政府は、カストロをカリブ海の赤い斑点どころか中南米全域を真っ赤っかにしかねない危険人物だとみなしていた。懸念には一理あった。フルヘンシオ・バティスタ政権を倒した武装闘争には共産主義者やそのシンパも参加し、革命後にはバティスタ時代に禁圧されていた共産主義政党が合法化され、関係者は政権基盤で枢要な位置を占めつつあった。代表格にチェ・ゲバラがいる。

だが、少なくとも革命が成功した時点では、カストロは決して心底からの共産主義シンパのように振る舞っていたわけではなかった。共産党員だったことはなく、そもそも１９５２年に議会選に初めて出馬したときに、彼は正統党(Partido Ortodoxo)の支援を受けていた。彼が心を寄せていた同党の創設者エドゥアルド・チバスは反腐敗を旗印に掲げるとともに、思想的には反共だと見られていた。

余談だがチバスはメディア利用の威力を体現し、かつそれに大失敗した政治家でもある。「エディ」という愛称で知られた彼は、ハバナのラジオ局にレギュラー番組をもち、キューバの政治・社会問題を鋭く狙い撃つトークで人気を集めていた。彼の生放送番組は人気娯楽番組と競り合う聴取率を誇ったという。だが１９５１年８月15日の放送で、チバスはとんでもないパフォーマンスをやらかした。「これがキューバ人に良識を呼び覚ますための私の最後の一撃です」と言って、本当に自分の腹を拳銃で撃ったのだ。

撃った場所からして、生き残る可能性も考慮した捨て身のアピールだったのかもしれない。だが病院にかつぎこまれた彼は11日後に死んだ。そして「一撃」の直接的効果はほとんどなかった。彼は放送の残り時間を読み間違えており、引き金をひいた時にはとっくにコマーシャルに切り替わっていたのである。「お腹一杯に広がるおいしさ！」なんていうコーヒーの宣伝だったらしい。

カストロが放送メディアの政治的重要性を学んだのはチバスのおかげだと言われる。チバスの死の前年の１９５０年、キューバではテレビ放送が始まっていた。政治家がカメラ映りに気を配る時代が来ていた。カストロの豊かなひげは、無精に見えて結構手入れされており、ワイルドな男らしさを演出するのに大いに役立っていた。ＣＩＡも見比べて検討していたかと思うが、ひげを生やす前の写真は、頼もしい闘士というよりどこにでもいる真面目なサラリーマンじみて見える。

革命政権発足当初、カストロは彼なりにアメリカとの友好関係に気を遣い、アメリカ人の目に自分がどう映るかも気にしていた。１９５９年４月、アメリカを訪れることにした彼は、事前にニューヨーク市のＰＲ会社に電報を打ってどう振る舞うべきか助言を求めた。

助言その１「たっぷり笑顔を振りまくこと」まかせろ。その２「質問には人々が望む答えを返すこと」了解した。その３「清潔感を演出するためひげを剃ること」それだけはイヤだ。

ひげを剃らない判断は正解だった。ニコニコと笑顔を振りまき、ホットドッグをぱくつく若き首相にアメリカの人々は魅了された。黒々としたひげはたちまち彼のシンボルとなり、「カストロ風つけひげ」が売り出されて評判をさらった。カストロを疑問視していた議員からも、人柄にぞっこんになる者が出て来た。理由のひとつは、ＰＲ会社の２つ目の教えを彼が守ったためでもある。行く先々で、メディアや政治家から彼は同じ質問を受けた。「あなたは共産主義者ですか?」そのたびに彼は答えた。「いいえ」。つけひげとカストロの人気はますます盛り上がった。

しかし米政府の中枢は盛り上がりぶりを冷めた目で見ていた。共産圏と対決するアメリカにとり、彼を許容することは危険きわまりなかった。アイゼンハワー大統領はカストロと会いたくないのでゴルフに出かけた。かわりに応対したニクソン副大統領は、いけすかない奴という印象をカストロに残しただけだった。

アメリカ政府のつれない態度に、カストロはソ連共産圏・非同盟諸国との親密な関係を模索し始める。彼が初めてソ連高官と会ったのはこの訪米時にキューバ大使館で開いたレセプションの場だったという（駐米ソ連大使がお祝いにやって来た）。同年7月にはチェ・ゲバラの登用、軍幹部の亡命に続く騒動の中でリベラル派の大統領が失脚し共産党系の人物にすげ替わった。所得再配分、農地解放、外資系を含む企業国有化などの政策が実行に移されていった。キューバの外資系企業とはほとんどが米国系である。アメリカの権益が蝕まれる事態が現実化していった。

あいつを何とかしないと。その役割は、アレン・ダレス長官率いるＣＩＡが引き受けた。

アガサ・クリスティも使った毒

米政府は隠密裏にキューバ反革命派への支援に乗り出した。中南部の山岳地帯で反革命勢力が蜂起し、フロリダを飛び立った旧バティスタ政権所有の軍用機がハバナに宣伝ビラをばら撒いた。呼応するようにカストロは反政府系メディアの統制を始めたが、対米関係の行方については、まだどこか能天気だった。

１９５９年10月、アメリカの観光業界団体代表団を招いた彼は、「キューバにゃたいしたものがないが、海はあるビーチはある、雪はないが太陽がある、水はきれいで気候は世界一、観光リゾートとして最適です」とぶちあげた。翌月には国立旅行産業協会（ＩＮＩＴ）が設立された。自ら協会長に就任して〈くまモン〉化したカストロの威力は絶大で、アフリカ系アメリカ人客の誘致キャンペーンの一環でハバナを訪れた元世界ヘビー級チャンピオンのジョー・ルイスから「黒人がまったく何の差別もなしに冬場に旅行できるのは世界中でキューバだけ」との発言を引き出した。

ルイスは戦前、白人至上主義のナチスドイツ代表のボクサーを倒してアメリカの国民的英雄となった人物である。カストロの観光キャンペーンは米政府関係者にとって、人種問題という棘をぐりぐりつつくイヤミに見えただろう。

ＣＩＡは１９５９年末までの時点では、カストロが共産主義者ではないと分析していた。彼個人を失脚させることに熱心だったのは国務省だったともいわれる。しかし結局のところ、CIAはカストロ個人を標的にした秘密工作を検討し始めた。

米上院の調査委員会が1975年にまとめた報告書によると、CIAは1960年3月、カストロの「パブリック・イメージ」をぶち壊す作戦のプランニングに入った。最初に検討されたのは、雄弁で鳴らす彼の演説をへろへろにして、カリスマ的魅力に大打撃を与える作戦だった。へろへろにさせる方法として、麻薬LSDのような効果をもつ化学物質を放送スタジオに噴霧することが議論された。しかし、そうした化学物質が目論見通り効くかどうか、信頼度が足りないと判断されて、これは却下された。より確実そうな手段として、CIA技術スタッフは一時的に見当識を失わせる薬剤を染み込ませた葉巻をこしらえた。演説前に一服つければたちまちへろへろ。だがこれも実行されなかった。ぴたりのタイミングで彼が葉巻を吸うかわからないし、また葉巻好きのカストロは紫煙の異常にすぐに気づいてしまうのではないか、と考えられたためではないかと思う。

そこで登場したのが、カストロのひげを破壊する作戦だった。

強力な脱毛作用のある薬剤を用意する。それをカストロに投与する。選ばれたのはタリウムだった。上院報告書には「タリウム塩」としか書かれていないが、硫酸タリウムか酢酸タリウムだろう。戦前には女性用の美容脱毛剤として酢酸タリウム入りクリームが売られていた。

ただし少しでも量を間違えれば効果は凶悪で、毛が抜けるだけでは済まない。毒性が強く、半数致死量（LD50）はいずれの物質でも平均的な体重の成人で約1g。しかも、殺鼠剤として広く用いられてきたため入手が容易で、事故による中毒のほか、世界中で殺人に使われてきた。日本でも大学職員が同僚を殺害した事件や高校生が母親に飲ませた未遂事件などが起きている。推理作家も〈愛用〉する毒で、例えばアガサ・クリスティは『蒼ざめた馬』（１９６１）にタリウムを登場させている。

ならば、せっかくだからいっそ暗殺を……という考えは当然関係者の頭によぎったろうが、彼らはその時点では、あくまで「脱毛」にこだわっていた。前年のカストロ訪米時の「ひげ人気」の記憶が生々しかったせいかと思う。上院報告書にはカストロのイメージとして「ひげ男（The Beard）」という表現が使われている。

カストロ自身も自分のひげ人気を強く意識していた。１９５９年7月、キューバの人気野球チームの公式戦に先立ち、カストロ率いる政府チームと警察官の代表チームがエキシビション試合を行った。ピッチャー・カストロは2イニングを投げたが、その時のカストロチームの名前は「ひげ男たち（Los Barbudos）」。チーム・ロゴ入りのユニフォームも用意するこだわりぶりだった。

要するにターゲットは断固として、ひげ。頭髪も陰毛も抜けるかもしれないが、とにかく抜きたいのは、ひげ。

毛を失うと力も失う、という思考には神話的原型がある。『旧約聖書』に登場する怪力男サムソンは、力の源が頭の毛だった。サムソンはその秘密をうっかり打ち明け、結局頭をそられて弱体化して敵に捕まってしまうのだが、そんなイメージに呪縛されたかのように、ＣＩＡは粛々と毛抜きの準備を進めた。

決行はカストロの外遊予定に合わせて予定されていた。旅行中が最も作戦成功の見込みがある機会だと考えられたからである。段取りを敷衍してまとめるとこんなものだった。①外遊中はホテルに泊まる②首相として身だしなみはキチンとする③靴を磨いておいてもらうためにドアの外に置く④その靴の中にこっそりタリウム化合物を撒布する⑤何も知らないカストロが毒靴を履く⑥皮膚経由でタリウムが体内に入る⑦しばらくして脱毛始まる⑧つるてかな顔になる⑨威厳低下⑩アメリカ大勝利！

スパイ七つ道具も美女も出てこないがっかりするほど地味なプランだが、秘密工作活動なんてのは実際こんなものなんだろう。技術スタッフは実行犯に持たせるべき化合物を使った動物実験を開始した。

戦時中にもあった〈前科〉

ＣＩＡには実は〈前科〉があった。正しくはその前身の機関である米軍戦略情報局（ＯＳＳ）に、なのだが、カストロよりももっと強烈な人物を脱毛しようとしたことがある。

その人、アドルフ・ヒトラーは第二次大戦が後半戦にさしかかり、対ソ戦での苦戦が明らかになってもまだまだ意気軒昂だった。困ったことに国民の支持もさほど衰えては見えなかった。対敵特殊工作を担当するＯＳＳは、何とかしてこの厄介者を排除できないかと頭を絞った。プロパガンダによる人心離反や、暗殺の可能性が検討されたが、その中で生まれたのが「ヒトラーに女性ホルモンを投与する」という奇抜とも珍妙とも何とも言えないアイデアだった。

発案したのはＯＳＳの研究開発部長を務めていたスタンリー・ラヴェルという化学者だった。幾多の特許をもつ発明家として会社を営み、もう50代になっていた彼は、1942年、法律家で軍人でOSS長官のウィリアム・ドノヴァンにスカウトされ、非在来型の兵器や工作員の使う装備（つまりスパイ道具）の開発を担うことになった。

諜報工作組織の必要性を説いて実際にOSSを立ち上げたドノヴァンには米国最初の「スパイの元締め（spymaster）」との異名があるが、そんな彼はラヴェルのことを「モリアーティ教授」という渾名で呼んだ。シャーロック・ホームズ・シリーズに出てくる悪漢科学者になぞらえられたラヴェルは、小柄で丸顔で控えめな物腰だったが、邪悪な機知なら吾が輩にお任せあれ、と見栄を切っても恥ずかしくない有能な人物だった。

彼とそのチームが作った「作品」には、紙巻き煙草サイズの銃、マッチ箱サイズのカメラ、消音ピストル、遅延発火装置や飛行機が一定の高度に達すると爆発する装置など、スパイ映画の必需品がずらりとそろっていた。生物兵器もある。スペイン領モロッコに駐屯していたドイツ軍部隊を攪乱するためのもので、ヤギの糞に偽装した塊にハエを誘引する物質と病原菌を混ぜ込み、航空機から投下して現地のハエを大量に呼び寄せ、伝染病の媒介者に仕立てようとしたのだ。使用前にドイツ兵が撤退してしまったので陽の目を見なかったが。

以下、セクシスト的な物言いが少し続くが、ラヴェル自身が回想録で述べている話なので、怒る人はラヴェル氏に食ってかかってほしい。

OSSはヒトラーの性格・行動など人物分析を行っていた。ラヴェルはその中から、ヒトラーが感情を抑制するのが得意ではなく、激情にかられ、また仲間にエルンスト・レームのような人物を選ぶ、などの点に着目した――最後の点は少し説明すべきだが、レームは国民社会主義運動（ナチズム）の草創期からのヒトラーの盟友で、ナチ党の私設準軍事的組織である突撃隊の隊長であり、がっちりした体軀のマッチョな男だった。

ラヴェルはそこから、ヒトラーが「内分泌学的に男性―女性の境界線に近いところにいる」と一気に結論に突っ走った。仮にそうだとしたら、さらにもうひと押し、ヒトラーを女性的な方向に向かわせられるなら、それは目覚ましい結果を生むのではないか。すなわち「ひげは抜け落ち、声はソプラノに」。というわけで、女性ホルモンをおひとついかがですか、総統閣下？

画像を加工してひげを消したヒトラーの肖像が、ネットを探すといろいろ出て来る。見慣れないせいもあるだろうが、かなりイメージが変わる。元写真に比べると「あんた誰？」と言いたくなるくらい変わっているものもある。もしもひげなしで甲高い声のヒトラーを見たら、当時のドイツ国民は帽子が飛ぶほど驚愕したことだろう。そして連合国の工作能力の高さと見境の無さにおののいたに違いない。

自分の「境界線」説には病理学者や内分泌学の専門家たちも賛同した、と自信満々で述懐しているラヴェルは、ホルモン投与でヒトラーを〈女化〉する可能性にかけてみた。野心的すぎる前提だらけながら、ＯＳＳは作戦実施に乗り出した。ヒトラーが菜食を好むことは知られており、滞在することが多いドイツ南部ベルヒテスガーデンの専用山荘には菜園があった。そこで働いている作業員を抱き込み、ニンジンやビーツに女性ホルモンを注入する。ヒトラーが食べれば……チョビひげよさらば。ラヴェルは作戦用のホルモン剤を手配した。

結局、ヒトラーのひげは本人が死ぬまで健在だった。作戦は失敗だった。ラヴェルは、工作員として抱き込んだ人物がカネだけ受け取って薬はそこらの藪に捨てちまったんだろうと推測している。ただし彼は、この作戦を「マイ・フェイバリット・アタック」だったとどこか嬉しそうな筆致で書き残している。

やっぱり殺《や》っちゃうか

時は流れて十数年後。自陣営にとって目障りなムダ毛の処理に再び邁進したＣＩＡだったが……ヒトラーの仇をカストロで討つタリウム投与作戦は遂に実行されなかった。理由はあっさりしたもので、カストロが外遊予定を変更してしまい、靴を汚染するチャンスが消え失せてしまったのだ。ひげを落として評判を落とす作戦は１９６０年8月までにキャンセルされた。ＣＩＡはようやく本来の〈凶悪さ〉に立ち返った。さらにダーティなカストロ暗殺計画や、大がかりな政権転覆計画が画策され、１９６１年4月、ＣＩＡが中心となって仕組んだピッグス湾事件が起こる。

米軍も参加して、亡命キューバ人による反革命部隊を同国南岸コチーノス湾（コチーノは豚の意味なので英訳するとピッグス湾）に上陸させたこの侵攻作戦は見事に失敗し、迎え撃ったキューバ軍に3日で蹴散らかされてしまった。怒ったカストロは、とうとう直後のメーデー式典の演説で「キューバ革命は社会主義革命である」と宣言し、赤い旗幟を鮮明にしてしまった。輪をかけて怒ったケネディ米大統領は、ＣＩＡ長官アレン・ダレス、副長官チャールズ・カベル、作戦担当次官リチャード・ビッセルを相次いで更迭した。ケネディは当時、「ＣＩＡを千切って風に飛ばしたい（to splinter the C.I.A. in a thousand pieces and scatter it to the winds)」と政府高官に愚痴ったと伝えられる。

千の風になって吹き渡っていくのは御免被りたいCIAは、汚名を挽回すべくせっせと暗殺計画に取り組み続けた。上院報告書は、1960年から1965年までの間にカストロ暗殺計画が少なくとも8つ存在したと指摘している。うち2つは実行寸前の段階まで行っていた。プラン止まりだったものも含めて、目論まれた殺害スタイルは狙撃、毒殺、偽装事故死、伝染病への感染死、などなど。結局、凶弾に倒れたのはカストロではなくケネディだったが。

そんなに少なくなかったぞコラ、というのがカストロの言い分だった。米上院の調査が行われていた1975年8月、彼は24件におよぶ暗殺計画のリストをアメリカの有力議員に送りつけた。上院調査委員会はCIAの言い分を聞きつつ、リストの各事案をチェックし、いずれの件でもカストロの主張には証拠がないと結論づけた。そして自分たちの調査報告書にはちゃんと実在した謀略が明らかにされている、と高らかに身内の恥をさらした。曰く「CIAが関与したカストロおよび政府要人に対するその他の謀略は下記の通りである」。謝ってるのか威張ってるのかよくわからないが、秘密保護を盾に頬被りするよりよほど勇ましい。なお上院報告書ではカストロの他に、コンゴのパトリス・ルムンバ首相、南ベトナムのゴ・ディン・ジエム大統領など、米国が関与したとの疑惑が取りざたされた暗殺事件が取り上げられている。

＊　＊

OSSで働いたラヴェルは、大戦が終わり1945年9月に同局が解散すると、長官のドノヴァンとともに民間人に戻った。ただし諜報・工作関係者のコミュニティとは連絡を取り合っていた。

やがて平時でもOSSのような機関が必要だという認識が政府内に高まり、国務省と陸軍省がばらばらに引き取っていたOSS各部局は再統合され、1947年にCIAが発足した。ドノヴァンの部下としてOSSで活動していたアレン・ダレスがCIA長官となるのは1953年のことである。

それに先立つ1951年、ラヴェルはダレスに手紙を書いている。先輩から偉くなりつつある後輩への助言といった趣のあるその手紙にはこう書かれていた。

「戦争はもはや騎士道精神にかかわるものではない。破壊工作(subversion)にかかわるものだ。そして破壊工作にはそれ独自の特別な道具や兵器がある。それらを作れるのは、ただ研究と開発(Research and Development)だけなのだ」

正規軍の精鋭部隊が正面からぶつかりあう戦争の武勲は過去のものとなった。核兵器の使用と恐怖の均衡を経て、現代の戦争は、その多くがラヴェルが予言したように破壊工作＝テロ、ゲリラ、ピンポイント爆撃、暗殺の重苦しい積み重ねに変じた。研究・開発の果ての高性能無人機の運用は、そうした流れの切っ先にある。

要人への毒物攻撃は今も続いている。パレスチナ自治政府議長だったヤセル・アラファトにはポロニウムによる毒殺説がある。ウクライナの元大統領ヴィクトル・ユシチェンコは、大統領選直前の2004年9月に急病となり、顔に塩素挫瘡が残った。事件の真相は依然謎だが、彼のケースは大量のダイオキシン(TCDD)が人体に入った場合の生物学的挙動の研究対象として、今も専門誌に論文が載る有名症例となっている。

8　月をぶっとばせ――米空軍のA119計画

17世紀初めの冬の夜、月に望遠鏡を向けたガリレオ・ガリレイは、そこが言われているほどすべすべした球体ではないことに気がついた。山あり谷あり、でこぼこしてるではないか。

他人に先を越されるのが大嫌いな彼は、観測開始からわずか数ヶ月という電光石火の勢いで『星界の報告』（1610）という小著を刊行した。木星の衛星の発見とともに、「月面はツルテカならず」との観測結果を盛り込んだ同書はバカ受けして、天上の世界は精妙でパーフェクトで月は湯上がりのようにつるっつるだという当時の神学と調和した定説を遠慮会釈なく爆砕してしまった。

3世紀半ほどのち、ガリレオよりもさらに遠慮のなかった米軍は、月面をいっそうでこぼこにする野心的な計画に取り組んだ。プロジェクトコード名「A119」。目標は、月に核弾頭をぶち込んで炸裂させること。

何が悲しくてそんなことを思いついたか、現在の視点から見れば素っ頓狂にもほどがあるのだが、1950年代後半の世界情勢はこのプランに駆動力を与える〈合理性〉に満ちていた。冷戦時代、米ソ両超大国は全世界を爆砕できる核戦力をたくわえつつあった。大量破壊兵器を握りしめたつばぜり合い。異常も愛情もいっしょくたなこの世界で、エポック・メーキングな出来事――スプートニクの打ち上げ――が起こったとき、計画のスイッチは入った。

光あれ、と米空軍は言った

1957年8月、ソ連は史上初の大陸間弾道弾の発射実験に成功した。バイコヌールから打ち上げられたR-7ロケットの弾頭は、はるか6000km離れた太平洋に着水した。続く10月には同じロケットを使って、世界最初の人工衛星が天界の高みに投入された。

他人に先を越されるのが大嫌いなアメリカは、先を越されて焦りまくっていた。「スプートニク・ショック」は、米国の科学研究・教育体制に突きつけられた〈匕首〉であっただけでなく、現実の政治・軍事的脅威だった。ソ連はすでに水爆を開発していた。動揺は同盟諸国にも広がっていた。ソ連シンパの人々は、人工衛星を社会主義勝利の前触れだとみなして小躍りしていた。何とかせんと、これはマズいぞ。

米空軍の幹部たちが思いついたのが「A119」計画だった。月面に走る核の閃光、巻き上がる粉塵――マルクスを奉じレーニンを祖となす彼の国も、これを見たら驚愕と不安を大文字《キャピタル・レター》で書き記すに違いない。

苦し紛れの猫だましのような奇手ではあったが、実現すればまたとない政治ショーになるはずだった。曇ってさえいなければ月はどこでも見える。最高の舞台でアメリカの国威を発揚すれば、欧州もアジアもアフリカも、世界は再び我らの力強さを感じとってくれるだろう。自由と勇気の国に栄光あれ。

このプランが米空軍オリジナルだったかについては異説がある。すでに1956年からランド・

コーポレーションが月面への核兵器配備研究を行い、「水爆の父」エドワード・テラーも月の上空ないし表面で核爆発を起こしてその様子を観察するアイデアを提示していたとの話がある。さらにスプートニク直後の1957年11月には、同月7日の皆既月食に合わせてソ連が月面に核ミサイルを撃ち込み同日の革命記念日を祝うという噂が新聞記事になっていた。

逆に見れば、軍として実現性調査に乗りだしてもそう文句を言われない環境でもあったと言える。問題は、月面核爆発がほんとうに見栄えのするものであるかどうかだった。しけた花火みたいだったらシャレにならない。国費を投ずる甲斐がない。見積もりをしなくてはならない。

厄介な仕事を頼まれたのは、イリノイ工科大学にいた物理学者レナード・ライフェルだった。もともとの専攻は電気工学だったが、シカゴ大学のサイクロトロン建設に関わり核分野に心得が深かった。しかも1949年から彼は、イリノイ工科大学の関連機関である「アーマー研究所（Armour Research Foundation）」で核爆発の環境影響評価についての研究を行っていた。

余談だがアーマー研究所（現在のイリノイ工科大学研究所）の「アーマー」は、私財を投じて同大学の前身を作ったフィリップ・ダンフォース・アーマー（1832〜1901）という食肉・穀物事業で成功した実業家にちなむ。防具・装甲の「アーマー」ではなく人名由来である。ただし軍人から見たら何となく頼もしそうな機関名だったかもしれない。

米空軍は白羽の矢を立てたライフェルに諮問した。「月面で核爆発を起こしたらどんなことが起こりどんなふうに見えるでしょうか」。

未到達の世界について語れる答えは、形而上学と神学を除けば、それはガリレオの時代から科学の中にしかなかった。

集まったライト・スタッフ

「私たちの仕事は、与えられたキロトン数のエネルギーでの月面核爆発が全体としてどのように見え、どんな現象を引き起こすだろうかについてのアセスメントだった」

後に書いた述懐でライフェルは、A119計画がソ連をビビらせたかったのか、ソ連にビビっていたのか私には何とも言えないけれど、とシレっと語っている。

内心はどうであれ、ライフェルは任された仕事を適切に進めるプロジェクト・リーダーとして優れた才覚をもっていた。爆弾と運搬手段の準備は軍の仕事だ（彼は1959年中には米空軍が月に届くロケットを開発できるだろうと踏んでいた）。必要なのは惑星物理学者である。地球外の天体の環境で核爆発を起こした時に想定しうる要素を洗い出せる人。ライフェルが声をかけたのはジェラルド・カイパーだった。

「カイパーベルト」などに名を残す著名な天文学者カイパーはオランダ生まれで、米国留学中に未来の奥さんを見つけ、続けて外惑星の衛星を2個見つけて、そのままアメリカに居ついていた。当時はシカゴ大学で教鞭を執っていた。彼は火星大気が二酸化炭素リッチであるのも見出していた。天体の空気を読むことならお手の物だ。

やはり内心どう思っていたかは知らないが、カイパーはこの月面核爆発計画への協力を断らなかった。ついでに自分の優秀な教え子を彼に紹介した。カール・セーガンというその若者は修士号を取ったばかりで、ライフェルの回想によれば仕事を探していた。セーガンに与えられたテーマは核爆発後の粉塵が月面環境でどのような挙動をするかの計算だった。これは「見栄え」に大きくかかわる重要部分である。他に放射線や地質など各分野のスタッフが集められた。

１９５８年5月、最初の研究レポートがニューメキシコ州カートランド基地を本部とする空軍特殊兵器センター（Air Force Special Weapons Center）に送られ、計画は本格的にスタートした。報告論文に助言を寄せた科学者の中にはハロルド・ユーリーのような大物もいた。重水素の発見でノーベル化学賞に輝き、マンハッタン計画に参加し、１９５３年に行った「ミラー＝ユーリーの実験」（原始地球の大気を模した気体に放電することで、生命の素材であるアミノ酸が合成されることを示した）で知られる彼は、月面の組成について「こんな論文が参考になるよ」と親切にコメントしている。

ライフェルの手になる報告書の脚注には意外な人物にも謝辞が述べられている。ＳＦ雑誌『アスタウンディング』の編集者（名前が挙げられてはいないが、同誌の編集長を長らく務めた作家ジョン・W・キャンベルのことだろう）なのだが、その人物は彼に、同誌に掲載された「宇宙の快速帆船（Clipper Ships of Space）」という小説が宇宙空間での光圧による推進技術に関する知識をたっぷり盛り込んでいると教えたのである。ちなみにこの作品はカール・ワイリーという航空技術者が別名で執筆したもので、米国で書かれた最初のソーラーセイルをテーマにしたＳＦと言われる。「雑誌の性格はさておき、詳細な技術的検討がそこにある」とライフェルは手放しでほめている。

名のある大御所からやがて名を為す気鋭の研究者、さらにはＳＦ業界まで巻き込んで、オール・

アメリカンな科学力を結集したA119計画は着実に、ただし極秘なのでこっそりと、月面核爆発を目指して進行していった。プログレス・レポートは毎月定期的に特殊兵器センターに送られた。ソ連の鼻を明かす日も近し？　いやいや。

上がらなかった花火

1959年1月、A119計画は中止された。勢いに駆られて始めてはみたものの、米空軍はフッと我に返ってあまりにバカバカしくなったのかもしれない。要するに巨大な打ち上げ花火である。月に核爆弾を送り込むなんてことより、現実に地球上で使える軍事力の開発の方が急務ではないか。肝心の見栄えの予測も、どうもパッとしなかったらしい。送り込む核弾頭の威力にもよるだろうが（報告書では1メガトンの爆発を仮定した研究もあったが、現実的に可能なのはもっと小さな弾頭だと見られていた）、半世紀後の米CNNのインタビューでライフェルはこう答えている。「言うならば微視的なものだったろうね。そこそこの望遠鏡を使っても、基本的に地球からは見えなかったんじゃないかなあ」。だめじゃん。

たぶん科学者にやる気を出させるため、そして核爆発の目的をとりつくろうため、空軍はこの計画の自然科学への寄与についても諮問していた。爆発は月面の化学的組成の解明に役立つのではないか、とか何とか。ポリティカルな物事（ミサイル発射とか）をそうではないのだと強弁したいとき、サイエンスは便利な合い言葉だ。

しかし、だんだん面倒くさくなったのではなかろうか。科学者たちはこれ幸いと、というわけでもないだろうが、地球から肉眼で見えるのに必要な月面上での明るさの見積りといったテーマにとどまらず、月面で使う地震計とか、磁場の研究とか、さらには月面活動が引き起こす生物学的汚染の問題などにまで手を伸ばしていた。ポリティカルな予算もいったん科学者の手に渡れば、それはサイエンスの側の分捕り品だ。

加えて、もっとクリティカルな懸念もあった。打ち上げた月行き核ミサイルが、うっかり故障して地球に舞い戻ってきたら……自爆テロにもほどがある。

計画終了が決定したあとにライフェルが執筆したアーマー研の報告書（1959年6月）は、「月探査飛行の研究（A Study of Lunar Research Flights）」という衣の下の鎧を掩蔽《えんぺい》するようなタイトルがつけられていたが、中身はむしろ鎧に上から羽根布団をかぶせて窒息させたみたいな代物だった。その前文は、月面での核爆発が「宇宙空間での戦争における核兵器の能力」などについての情報をもたらすだろうと述べつつ、「前向きにせよ後ろ向きにせよ核兵器を炸裂させる政治的意味合いはこの研究の埒外にあり」、かつ「研究の最大の目的はこのような爆発から得られるであろう科学的情報である」と言い切っていた。

ついでにこのようにも書かれている。「先進的な技術力のデモンストレーション」としての効果が多大なのは明々白々だが、しかし世界の世論動向にキチンとした根回しができなければ、この爆発が「かなりネガティブな反応を引き起こすのは確実だろう」。

その後のキューバ危機を経て、米英ソは1963年8月、部分的核実験禁止条約に調印する。地下で行うものを除いて核実験はできなくなった。宇宙空間はもちろんアウト。月で核爆発というプランはもはや考慮の対象外となり、Ａ１１９計画は闇に消えた。論文の多くも、機密解除扱いとなった上記のライフェルの報告書を除き、１９８０年代に破棄されたとされている。

核と科学コミュニケーション

核だけでなく月にも詳しくなってしまったライフェルは、その後１９６０年代後半にＮＡＳＡでアポロ計画の副責任者を務める。装置・備品、着陸地点の選定、宇宙空間での放射線防護などさまざまな分野を彼は監督し、アメリカは爆弾のかわりに人間を月に送り込むことに見事成功した。

あるインタビューでライフェルはこんなことを言っている。「ロシア人たちに打ち負かされようとしているわけじゃないってことを人々に印象づけるやり方は、いろいろあったわけさ」。

ちなみに彼は達者な科学解説者としても知られている。米ＣＢＳテレビの科学番組のレギュラー出演者としてエミー賞にノミネートされたこともある。実際に２００４年にはエミー賞を受賞した。それは彼が60年代に開発したテレストレーターという装置によってだった。黒板に書き込むように、ビデオ映像に線や文字を書き込んで表示する装置である。もともとは科学ネタの講演をするときのプレゼン用に考え出されたものだが、その後スポーツ中継などで大いに重宝されることになった。

プレゼンテーターとして名声をはせた点で、同じくＡ１１９計画に関わったカール・セーガンの大活躍は今さら言うまでもないだろう。世界的ヒットとなった『コスモス（ＣＯＳＭＯＳ）』シリーズをはじめとする著作・テレビ番組のほか、彼は１９８０年代に「核の冬」理論の強力な唱道者となり、核兵器削減を求める国際世論の形成に一役買った。それは当時のパワー・ポリティックスの中で、中距離核戦力全廃条約が米ソ間で調印にこぎつける流れを下支えしたともいわれる。

セーガンらが1983年に『サイエンス』に載せた論文(Nuclear Winter: Global Consequences of Multiple Nuclear Explosions)は、火山爆発の影響モデルを大量の核爆発でわき上がる煤《すす》の雲に応用してその環境被害を検討したものだが、彼の脳裡には若い頃に取り組んだ月面核爆発でできる粉塵の雲の研究がよぎっていたに違いない。あるいは着想の源となっていたかもしれない。仮にそうだとしたら、冷戦下でアメリカの科学技術力を誇示しようとしたA119計画は、冷戦をチャラにする雪解けの後押しもインスパイアしたということになる。

科学普及に携わる皆さんには怒られるかもしれないが、言ってみれば月面核爆発は壮大な「科学プレゼンテーション」計画だった。そのチームから優秀な科学コミュニケーターが輩出したとしても、あやしむべき話ではないのかもしれない。

蛇足だがガリレオの書いた『天文対話』は史上初のサイエンス・ライティングと言われるが、彼も『星界の報告』で大ヒットをかっ飛ばす前は、築城術をはじめとする軍事専門家として知られていた。

9　馬鹿が空母でやってくる——英国の「ハバクク」計画

英国の船会社ホワイト・スター・ラインは1910年、就航を控えた2隻の大型客船について宣伝パンフの中でこう記した。「できうる限りの手を尽くし、これら2隻の船は不沈たるべく設計されています」。うち1隻のタイタニック号は、最初の営業航海で大西洋の底に沈んでしまった。不沈を誇るのは難しい。

しかしタイタニックを沈めた側はどうだろう。氷山は砕けたり溶けたりはする。だが氷である限り沈むことはない。

第二次大戦のさなか、ナチスドイツと死闘を繰り広げていた英チャーチル内閣は、この単純かつ明解な物理現象に心を奪われた。沈まぬ氷で軍艦を作れば、ヒトラーに一泡吹かせてやれるのではないか。

英国は大西洋でのドイツ海軍、とくに潜水艦（Uボート）による通商破壊作戦に手を焼いていた。英国は島国である。輸送船をどしどし撃沈されては息の根が止まる。有効な対策は航空機による敵の探索と攻撃だったが、当時の航空機の航続距離は短く、陸上基地からはだだっ広い大西洋をカバーできなかった。

結論。空母が欲しい。1隻でも多く欲しい。どしどし海に浮かべ、艦載機をぶんぶん飛ばしたい。でも空母は高い。予算は無尽蔵ではない。せっかく作った空母を沈められたら目も当てられない。どうするかね諸君？

1942年暮れ、「安上がりに不沈空母を量産するアイデアがあります」という耳寄りな話が英軍の特殊作戦を指揮するマウントバッテン卿から報告されたとき、チャーチルは一も二もなく飛びついた。なるほど、空母を氷で造るわけか。氷なら沈まないし敵弾を食らっても自己修復能力が期待できる。構造材としての強度さえクリアできれば、こいつは有望な兵器となるかもしれん。

着想者の命名に従い「ハバクク」と呼ばれたこの空母の開発は、ほどなく英国そして米カナダ両政府を巻き込んだ戦時計画のひとつとなった。提案されたモデルのうち最大のものは全長600m、全幅100m、排水量220万t。全長269mのタイタニックがかすんでしまうほどの氷の巨艦だった。

統合作戦司令部の奇人

着想したのはジェフリー・ナサニエル・パイク（1893〜1948）という男だった。彼の経歴を一言で言うと、ケンブリッジ大学で法学を学び、第一次大戦中に敵首都ベルリンに単身乗り込んだ果敢なジャーナリストであり、捕まって放り込まれた収容所からまんまと脱走して生還した冒険家であり、その体験を書いた本が評判になったベストセラー作家であり、独自の投資理論でロンドン金属取引所に打って出て一時は世界のスズの3分の1を動かしたトレーダーであり、儲けた金で子供の創造性を伸ばす先進的な学校を設立した教育者であり（J・B・S・ホールデーンやチャールズ・シェリントン、フレデリック・ホプキンズが後援者にいた。イギリスで初めてジャングルジムが設置されたのは彼の学校だったという）、世界恐慌ですってんてんになったがラジオ番組などに出演する時事評論家として活躍し、スペイン内戦時には反ファシスト側を支援する「義勇工業部隊」なる組織を立ち上げ救急車として使える改造モーターバイクを現地に送り出した。要するに一言では言いようのない多彩な経歴の持ち主だった。

プロの科学者ではなかったが、彼の豊かな発想は上層部の目にもとまっており、1942年3月、戦時内閣の閣僚のひとりがパイクは戦争に役立つだろうとマウントバッテンに推薦状を書いたのがきっかけで彼の顧問科学者チームに名を連ねることになった。

マウントバッテンはその時、イギリス軍統合作戦司令部の司令官だった。これは陸海空3軍の共同作戦を立案・実行するための組織で、依然優勢な枢軸軍に正面から攻撃を仕掛ける前に、奇策で攪乱して戦力をそぐことを当座の目標としていた。要するに相手をねちねちいじめて参らせる意地悪爺さんみたいな機関である。意地悪の手段は問わない。ドイツが嫌がることなら何でもアリ。

マウントバッテンは非凡なアイデア——現代の米国防高等研究計画局（DARPA）のスローガンにならえば「ストラテジック・サプライズ」を求めていた。型破りな科学者に事欠かないイギリス人の中でも極めつけの〈規格外〉な人物だったパイクは、ある意味その仕事にうってつけに見えた。ひげもじゃでノーネクタイ、よれよれズボンにドタ靴。そんな姿で、たとえ相手が将軍だろうが貴族だろうが臆することなく会いに行った。将軍で伯爵のマウントバッテンと面会した時もそんな身なりだったらしい。パイクとマウントバッテンは大いに意気投合した。

最初の提案（アルキメデス・スクリューを回転させて進む高速雪上車を開発し、機動性の高い小部隊を編成してドイツ占領下のノルウェーなどでインフラ破壊を行う）は英米合同の会議の場で採り上げられ、パイクはアメリカに渡る。だがこの計画はうまくまとまらなかった。かわりにパイクが持ち出したのが、氷で空母を作るプランだった。

科学者たちを巻き込んで

１９４２年夏、パイクは２３２ページからなる大部の提案書をマウントバッテンに送りつけた。「最初の方だけでも読んで判断してください」との低姿勢な手紙が添えられていたが、マウントバッテンは重たい書類を部下に押しつけ、押しつけられた部下は災難をたらい回しにした。たらい回し先はジョン・デスモンド・バナールだった。X線結晶構造解析・分子生物学の分野で著名な彼は、統合作戦司令部の顧問科学者団のリーダー格を務めていた。

「1ページにまとめてくれませんか?」という無理難題を引き受けたバナールは、結局この氷空母計画に巻き込まれることになった。と言うかバナールは戦争前からパイクの友人で、彼が破産したときには住居を斡旋したとの話もある。雪上車計画が頓挫してパイクが「辞める!」とゴネた時には、早まるなという助言の手紙を送っている。彼はパイクの発想力を高く評価していた。

そもそもバナール自身がパイクの上を行く奇想の持ち主だった。彼は１９２９年に書いた本の中で、直径10マイルで数万人が暮らせる球状のスペースコロニーを構想していた。『ガンダム』のジオン公国の元祖みたいな代物である。コロニーは衝突する隕石に耐えるため、「その球体の外壁は、それらによって貫通されたり破壊されたりしないだけ強靱に作られねばならず、また表面のダメージを修復する再生機能をもっていなければならぬだろう」とされていた。爆撃や砲撃にしぶとく、穴が開いてもまた凍ることで修復できる氷空母なんて、「ふふん」てなもんだったかもしれない。バナールはハバクク計画でも主導役を務めることになった。

パイクのプランにアメリカで巻き込まれたのは、X線回折によるポリマーの構造解析の専門家だった化学者ハーマン・フランシス・マークだった。彼はユダヤ系で、ウィーン大学教授を務めていた時にナチスドイツがオーストリアを併合し、ゲシュタポの訊問を受ける身となった。マーク一家は間もなく車の屋根にスキーを積んで、ボンネットにはこれ見よがしにナチスの党旗を飾り、楽しい家族旅行を装ってスイスに逃げた。北米に渡った彼は、カナダで木材パルプから合成繊維を作る設備の近代化に携わった後、1940年にニューヨーク市に移りブルックリン工科大学の教授となっていた。

木材パルプを扱った経験から、彼はパルプを混ぜて凍らせた氷がただの氷よりも強いことを知っていた。マークは依頼を受けて予備的な実験を行い、パルプなどを混入した氷が衝撃に強くなり、引っ張り強度が増し、さらに溶けにくくなることを確かめた。

もうひとり、氷空母計画に巻き込まれた科学者にマックス・ペルーツがいる。ウィーン生まれの彼は、イギリスでバナールらに師事しヘモグロビンの構造解析に取り組んでいたが、第二次大戦の勃発後しばらくして〈敵性国人〉扱いをされて他のドイツ国籍、旧オーストリア国籍の人々とともにカナダの収容所に送られるという災難に遭っていた。

彼もユダヤ系だったのだが、フランスの降伏に危機感を募らせたイギリス政府が、個々人の背景などおかまいなく十把一絡げで隔離する方針を採ったのである。収容政策への批判が高まったおかげで抑留から解放され、イギリスに戻って再びヘモグロビン研究にいそしむ日々を送っていた1942年10月、彼はロンドンに呼び出された。待っていたのはひげもじゃ男パイクだった。パイクは「これは戦時下で最重要の研究だ、協力してくれ」といくぶんフカシをかまし、さらにバナールは

「わけは言えないが強度のある氷を速成する方法を編み出してくれ」と頼みこんだ。

ペルーツは統合作戦司令部が用意した秘密研究室でしばらく仕事をすることになった。そこはロンドン市内スミスフィールド市場の地下食肉貯蔵庫で、ペルーツは冷蔵されて吊された肉をかきわけ実験室に出かけて、強化氷をこしらえては弾丸を撃ち込んだり、強度を測定する作業に追われた。彼はその後ヘモグロビンの構造解明でノーベル賞を獲るが、この時の研究をもとに雪氷学の専門誌にも論文筆者として名を残している。後でハバクク計画の全容を知った彼は、「第二次大戦における最も構想力に満ちそして馬鹿臭い計画」と述懐しているが、参加を打診されたときは重要計画に携わることにちょっとドキドキしたらしい。

「ハバククは何でもできる」

同年12月、ペルーツの実験結果をもとに、氷空母の建造計画がイギリス3軍の幹部が集まる参謀長会議で披露された。チャーチルはこのプランがいたく気に入った。何しろ天然素材だ。物資の節約になる。氷とおがくず、今風に言えば「エコ」な空母。

チャーチルは「わしには細かいことはわからんが」などと言いつつ設計や製造方法にまで口出ししようとした。それはバナールが丁寧に謝絶した。

ペルーツの回想によれば、チャーチルは「自然に仕事をさせる(to let the Nature do the job)」ことにこだわった。北極海から氷塊を引っ張ってきて溶けるまで滑走路として使う、または氷原に放水器を並べて氷の厚みを増して船体を作る、などなど。しかし甲板が波をかぶるような高さでは飛行機の離発着には使えない。最も見込みがあるのは、マークやペルーツが取り組んだような、人工的に強化した氷で船殻を作る方法だった。

氷と木材からなる新たな建艦素材は、発案者に敬意を表してパイクのコンクリートすなわち「パイクリート」と呼ばれるようになった。これは元々、マウントバッテンがパイクの有象無象の発案を総称して「パイクリー」と呼んでいたことが関係者の耳になじんでいたせいかもしれない。作られる空母の名前はパイクの命名に従い「ハバクク」とされた。これは旧約聖書「ハバクク書」に登場する預言者の名前である。

「ハバクク書」に書かれているのは、バビロニアが攻めてきてとんでもないことになるであろうぞ、という惨禍の預言である。あまり幸先の良い名前に見えないが、選ばれたのはヴォルテールが残した逸話に基づいてのことらしい。

ハバククには天使に髪をつかまれてバビロンに運ばれ、また戻ってきたという伝説がある。奇蹟を目の敵にした啓蒙思想家ヴォルテールは、しばしばハバククの悪口を書いた。ときにはハバククが言ってないことまで言ったことにした。ドイツのさる学者は、さまざまな版を渉猟し典拠を探しまくって無駄骨に終わったので、とうとうヴォルテールに面と向かって、ハバククはそんなことを言ってない、どこにも見当たらないですぞと文句をつけた。ヴォルテールすまして答えて曰く、「ムッシュー、貴殿はハバククについて何もご存じない。この悪党は何でもできるんです!」　パイクはマウントバッテン宛て提案書に添えた手紙の中で、計画の秘匿名をハバククとしたいという文言にフランス語で“parce qu'il était capable de tout”と書き添えていた。

ハバククは何でもできる。チャーチルのお墨つきを得た氷空母の構想はどんどん〈肥大化〉していった。太平洋でも運用できるのではないか。やがて来るべき日本本土侵攻作戦で有力な洋上基地になりうるのではないか。また大陸欧州への反攻に際して、海岸での陣地（橋頭堡《きょうとうほ》）として使えるのではないか。パイク自身も気が大きくなっていた。氷空母に過冷却した水を大量に搭載し、敵の港湾に乗りつけてその水を吹きつけるのはどうか。あっという間にあたりを氷漬けにして反撃を無力化しつつ氷の堡塁を築けるのではないか。そんな架空戦記じみたアイデアを公言するようになっていた。

「イングランドのクレージーな連中」

素材の性質上、建造は冬季に行うのが望ましいので、バナールはじめ関係者はプランの推進を急ぎたかったが、計画には当初から黄信号がちらついていた。

最初の一撃はチャーチルの友人で科学アドバイザーを務めるチャーウェル卿からの反対だった。チャーウェルは、各国のそうそうたる研究者が集ったことで知られる第1回ソルヴェイ会議（1911年）の出席者リストに20代の若さで名を連ねた物理学者であり、第一次大戦中は航空機開発に携わり、テストパイロットに任せるのが面倒になって自分も飛行機乗りになり、オックスフォード大学教授、王立協会フェローを歴任した大物だった。

彼は、長距離ロケットなんて不可能だ、という技術予測における失敗発言でも知られているが、未知の要素が多いパイクリートは兵器に必要な信頼性に欠けるのではないか、コンクリートで建造した方が確実ではないかという彼の批判には一理あった。バナールは既存の軍艦も悪天候や敵の攻撃でしばしば沈んでいるではないか、ハバククはトライする価値があると反論したが、決定権を握る参謀長会議を説得するのにマウントバッテンは苦労することになった。

もうひとつの苦労のタネはパイクの性格だった。海軍造船司令を務める提督がハバククに懐疑的だという話を知ると、パイクは提督を口を極めて罵倒する電報をマウントバッテンに送り、それがバレて提督から怒鳴り込まれる一幕があった。

実際、参謀長会議の承認は薄氷を踏むがごときものだったといわれる。統合作戦司令部で、パイクリートに弾丸を撃ち込む実験が軍幹部らに披露されたとき、はねかえった弾丸が陸軍参謀総長アラン・ブルック卿（後に子爵）の肩を射抜きそうになったのだ。幸いかすめただけで怪我はなかったが、そこで参謀総長が心臓を射抜かれていたら、ハバククはその最初の〈戦果〉とともに轟沈したに違いない。

実務はカナダ国立研究機構が担当することになった。当時の機構長チャルマース・ジャック・マッケンジーは「馬鹿で阿呆な計画がまたひとつ」と日記にブツクサ書き残している。土木・建築が専門で、コンクリート建造物の劣化防止の研究などで知られた彼は、戦時中の同国の研究開発体制の整備とともに、化学戦や核兵器の研究調査も指揮していた。「イングランドのクレージーな連中」が思いついたハバククは、要らぬ仕事を増やす厄介事と思えたに違いない。

ただしやるとなったらマッケンジーは手練れで、マニトバ、サスカチュワン、アルバータの各大学に氷素材研究のユニットを立ち上げ、縮小サイズの試作船を作る実験場も手配した。場所は大西洋からはるかに遠いロッキー山脈東側にあるアルバータ州パトリシア湖だった。内陸部にあるここなら枢軸側に情報が漏れる気遣いはない。鉄道線に近くて交通の便はまずまずで、すでに空挺部隊の軍事訓練にも使われていた。

実際、関係者は秘匿にかなり気をつかっていたらしい。試作船の製造中、コミック『スーパーマン』に氷山を用いた船のエピソードが出て、秘密計画の情報漏洩を気にしたマニトバ大学の研究者から国立研究機構本部宛てに「いちおう気をつけるべきだ」という助言が送られたという。

試作船の建造作業に従事したのはキリスト教メノー派とドゥホボール派の人々が多かった。欧州やロシアから移住して現地にコミュニティを作っていた彼らは、両派ともに兵役に就かぬことを教えのひとつとしており、カナダ政府はその信仰を尊重して、他の良心的兵役拒否者と同様、土木作業や農林業に労働力を提供するか、従軍はするが非戦闘員(医療班など)として働く奉仕義務を求めていた。ハバクク計画はそのひとつとなった。

試作船はできあがったが

試作船の製作にあたっては、カナダ国立研究機構側がいくつかの仕様変更を行っていた。変更点のひとつはパイクリートではなく通常の氷で作られたことだった。全長約18m、全幅約9m、全高約6mのこの船の仕様はざっとこんな感じである。材木で檻のような箱を作る。箱の中に湖から切り出したブロック氷を入れていく。瀝青《れきせい》で防水加工が施された箱の中央には機械室があり、氷が溶けないようにするための冷凍装置が収められた。装置からは冷媒を循環させるダクトが何本も伸びて、氷の間を走るようにしてある。つまり電源を入れておけば氷は溶けずに維持されるという仕組みだ。この「木枠に囲まれた氷の塊」は、氷山と同様に下部がほとんど水面下に沈み、最上部が水面に顔を出す。

作業班員たちは自分が何のための船を作っているのか正確には知らされなかった。偽装を兼ねて船体の上部には三角屋根が設けられた。見た目は長方形の〈屋形船〉ないし水上ハウスみたいな代物となっており、作業班員たちは船に「ノアの方舟」というニックネームを奉った。

試作船は1943年4月までに完成し、見事パトリシア湖の水面に浮かんだ。パイクとともにカナダにいたバナールは上機嫌でハバクク計画に困難なしと本国に報告した。マウントバッテンは折り返し、チャーチル首相が参謀長会議に、計画に見込みがあるなら実船を1隻ただちに作る命令を準備するよう伝えたことを知らせてきた。カナダの内閣戦争委員会も同国でのフルスケールの氷山空母建造計画を承認し、製材業からのチップが得やすいニューファウンドランド島西岸コーナーブルックが実船の建造場所として策定された。

だがカナダ側の科学者・技術者は決して楽観的ではなかった。この「冷凍船」の運用は大変な難題だと技師たちは気づいていた。全長600mのフルスケールにする困難とともに、氷の船体は、とくに温度が零下15度よりも上がると自重でたわむことが問題となった。それを支えるには補強が必要である。補強材すなわち鋼鉄。とすると資源を食うことに変わりがない。在来型大型空母の半額の値段で作れるという試算が提出されていたが、建造費が膨れあがる懸念は十分にあった。たわみを抑えるためにより強力な冷却システムを設置した場合は、さらにコストがかさむ。造船にかかるマンパワーもバカにならなかった。ある試算では、建造に必要な人員は３万５０００人だとされた。

ハバククの軍事的価値にも逆風が吹き始めていた。戦況は徐々に連合国側の優勢に傾いていた。航空機の性能が上がってより遠方の洋上の敵まで叩けるようになり、レーダーの性能向上で索敵能力は向上しつつあった。太平洋でも使えるという〈甘言〉も色褪せていた。アメリカは途方もない工業生産力で自前の在来型空母をばかすか戦線に送り出しつつあった。

氷空母には費用対効果の点で疑問符がつけられ、疑問符のサイズは日増しに大きくなっていった。

沈みゆく幻の船

１９４３年８月に米英首脳会談（ケベック会談）が開かれた折、マウントバッテンはお歴々の前でパイクリートの強度を示す実演をやると言い張り、パイクリートには再び弾丸が撃ち込まれた。会議室から銃声が聞こえたので、外にいた人々は何事かと慌てふためき、ついでに打ち込まれた弾丸をパイクリートは今度も律儀にあらぬ方向へと跳ね返した。またもや同席していたアラン・ブルックは、「弾丸が自分たちの足下を怒ったミツバチのように駆けめぐった」と日記に書き残している。

バナールは相変わらずハバクク計画に乗り気で、会談に随行した将軍たちに、フランスへの反攻上陸の支援に使えると力説した。参謀長会議はバナールの説明を了承してハバクク計画はとりあえず優先度の高い計画のままで残った。ただし継続にあたっては、管轄をこれまでの統合作戦司令部から海軍省に移し、また大型のパイクリート製ハバクク（この時点でハバククⅡというコードネームがつけられていた）の建造は米英カナダの合同委員会のもとで進行させることと決められた。
委員長にはカナダのマッケンジーが指名された。彼の意見で、人と衝突することの多い奇人パイクはハバクク計画から外されることになった。バナールとペルーツは海軍の技術者たちとともにその後も計画に取り組んだが、海軍省の要求はどんどんハイスペックになっていった。魚雷が当たっても大丈夫な船殻の厚さ（約12m）、また艦隊航空隊からは戦闘機だけでなく重爆撃機が発進できるようにしてほしいとの注文がついた。そもそも操船をどうするかも依然として問題だった。船の両舷に推進装置をつけて、そのオンオフで進む方向をコントロールする案があったが、海軍側は舵がぜひとも必要だと主張した。しかしどうやってこのサイズの巨大船に舵をつけるのかは未解決だった。

米海軍はとっくに心離れしていた。作戦部長のアーネスト・キング提督は、バナールの前でハバクク計画を攻撃することをためらわなかった。同年9月初め、ペルーツがワシントンに赴いた時には、現地のハバクク・チームが総出で出迎えた。要するにヒマなのだ。ハバクク計画は明らかに「お荷物」となりつつあった。

ハバクク委員会を率いることになったマッケンジーは、早い段階から計画が中止になるだろうと腹を決めていたという。同年6月にはすでに、パトリシア湖の試作船の冷凍機が取り外されていた。冷却システム抜きでいつまで浮いていられるかのテストだったが、実質的にそれはハバククの水葬の儀式の先触れとなった。試作船は夏の間ずっと浮かんでいたが、やがてゆっくりと溶けて、沈んでいった。

最後のハバクク委員会は1943年12月に開かれた。「大型のパイクリート製ハバククⅡは製造に必要な資源量の膨大さおよび関連する技術的困難性にかんがみ実行不可能であると判断された」というのがその最終報告だった。計画は正式にキャンセルされた。

科学者たちは、自分たちの本来の仕事に戻っていった。パイクは統合作戦司令部を辞めて、再び在野のアイデアマンになった。彼は戦後、大学や病院、メーカーで働く科学者・技術者の労組である英国科学労働者連盟の委員として、創設間近い同国の国民保健サービス（NHS）のシステム設計について提言する仕事に取り組んだ。それが彼の最後の公的な仕事になった。

＊　＊

ハバククの遺構の探索が、1985年に当時カルガリー大学にいた水中考古学者スーザン・ラングレーらによって行われた。彼女はパトリシア湖の湖底で試作船の残骸を見つけ出し、後にアルバータ水中考古学協会のダイバーたちによってその場にはハバククを記念する銘板が設置された。米レンタル事業大手のU-ホールは1988年、コーポレート・デザインの一環として、同社のトラックの車体にカナダを含む北米各州ごとの「ご当地デザイン」の絵を描くプログラムを始めた。カナダ・アルバータ州向けデザインは船。戦闘機が飛び立つその甲板の下の船体は純白だ。彼らが選んだのはハバククだった。チャレンジ精神を象徴する図案として、リアルな完成予想図が描かれたのだ。

ハバククは、現実世界では実現しなかったが、今も道路を勇躍走り回っている。

10 動物兵士総進撃

軍馬は戦場を駆け抜ける。戦象は敵陣を踏みしだく。ロバやラクダは輜重《しちょう》を担う。動物は古代から有力な戦争手段として使役された。

だが火器の進歩、自動車や戦車、航空機の登場に代表される戦いの変容が、動物たちに新たな軍事的意味合いを与えていく。西欧近代に生じた「人権」という思想も、その顔立ちの一番ねじくれた部分をのぞかせていたかもしれない。人間の代わりに戦う自律的マシン。死地に吶喊《とっかん》する従順な使い捨ての下僕。自国民の命を守るため、ヒトならざるものに死して護国の鬼となってもらおう。

以下は科学と技術に裏打ちされてすくすくと具体化してしまった、モダンな動物兵士のあれこれについてである。

駆け回る「イヌ地雷」

1941年6月、独ソ戦が始まり、ナチスドイツの投入した機甲師団は各戦線でソ連軍を圧倒していった。レニングラードは包囲され、キエフは陥落し、首都モスクワにも危機が迫った。八方ふさがりの戦況を打開するプランを、ソ連軍は必要としていた。

問題は敵戦車を破壊し動けなくすることだ。戦車の弱点は装甲が薄い車体下部。地雷をうまく爆発させればもろい。しかし戦車は動き回る。戦車の予想進路にくまなく地雷を敷設するにはロシアの大地は広すぎる。地雷を戦車の下に運び込んで爆発させる手だてはないものか。

偉大な生理学者パヴロフの祖国にふさわしいアイデアが生まれた――まずイヌを空腹にさせる。エンジンのかかった戦車の車体下に餌を置いておく。やがてイヌは稼働中の戦車の下には食い物があると学習する。このように訓練したイヌの背に爆発物とトリガー（垂直に立てた木の棒だった。車体の下にイヌが潜ると棒は倒れ爆発の引き金となる）を装着し、腹ぺこにしておいた上でドイツ戦車が押し寄せる戦場に放つ。どかん。

独ソ戦の初期、この「イヌ地雷」はウクライナ東部などで一定の戦果を挙げたとされる。しかしまもなく問題が表面化した。近寄ってくるイヌは潜在的危険であるとドイツ軍が学習して、イヌを見たら射殺するようドイツ兵が条件づけられたためもあったが、彼ら地雷犬はソ連戦車を使って訓練されたので、戦場に両軍の戦車がいる場合より馴染みのある自軍戦車の方に駆け寄る傾向が見られたのである。そもそも騒然とした戦場ではイヌたちの行動の制御は難しく、地雷が自前の足で迷走するアナーキズムは前線の赤軍指揮官には耐えがたかった。イヌ地雷はやがて顧みられなくなった。

1940年代後半、インドシナでホー・チ・ミン率いるベトミン（ベトナム独立同盟会）は、フランス軍に対するイヌ地雷作戦を検討したともいう。だが天下分け目のディエン・ビエン・フーでイヌ地雷が活躍した話はない。イヌの特殊任務は、冷戦下のパワー・ポリティックスで別のものに移った。スプートニク2号で地球周回軌道を動物として初めて回ったイヌのライカは片道切符の〈補陀落渡海《ふだらくとかい》〉だったが、後輩のストレルカは無事帰還して子を生み、フルシチョフはケネディの娘にその子犬を嫌がらせのようにプレゼントしてソ連の科学力をＰＲした。

空飛ぶ「ハトミサイル」

戦時下のアメリカ人も負けずに、さらに素っ頓狂な動物兵器の開発を行っていた。１９４２年夏、行動主義心理学の泰斗Ｂ・Ｆ・スキナーの研究室にやってきた若者は、こんな仕掛けは作れないかと考えていた。海中では音響が索敵の手段である。ならば、聴覚に優れたイヌを訓練して魚雷に載せれば、音を頼りに敵潜水艦に必中する「イヌ魚雷」が作れるのではなかろうか。彼は自分の考えた新兵器の実現のために動物心理学者を探していた。

スキナーは「ふっふっふ、よく来たね」という気分だったかもしれない。彼はすでに、ハトを使って誘導ミサイルを作る実験に取り組んでいた。特定の対象、例えば艦船の形をくちばしでつつけば、餌が与えられるように訓練（オペラント条件づけ）したハトを弾頭に積めば、目標への着弾コースを自前で修正しながら飛ぶ〈知的な〉ミサイルができるはずだ。

スキナーのハトミサイルは、あまりに野心的すぎて政府機関に持ちかけては断られ、その時点では開発が頓挫していたのだが、そのプランに大いに感銘を受けた若者は、自分のイヌ魚雷計画の提案書にハトミサイルも書き加え、いくつもの企業に持ち込んだ。食品大手ジェネラル・ミルズ社の研究開発担当者がそれに目をとめた。同社はイヌよりハトを選び、国家への貢献としてスキナーの研究に協力することにした（ジェネラル・ミルズの本社はミネソタ州にあり、当時スキナーはミネソタ大学の准教授をしていた）。科学研究開発局（ＯＳＲＤ）は１９４３年６月、ジェネラル・ミルズ社と誘導装置開発の契約を結んだ。

ハトによる誘導装置の仕組みには、いくつかバリエーションがあるが概ねこういうものだ。弾頭の先端のレンズから、外界の様子を弾頭内の半透明のプラスチック板に投影する。板の反対側には、ケースに入れられて首だけが動かせるようにしたハトがいる。ハトたちは、板に映った艦船や地上目標の姿を見つけると、板のその部分をつつく。板には4ヶ所にスイッチが取りつけられており、板のどの部分をつついたかによって、機体に4つある空気弁のどれかが開閉する。弁が開くと、圧搾空気が機体外部に噴射され、ミサイルの進路を修正する。

個々のハトの「誤作動」を考慮して、弾頭には3羽のハトが搭載されることになった。この誘導ミサイルシステムには「ペリカン」という開発名が与えられた。ミネソタで基礎実験と装置の試作が行われ、ニュージャージーで野外実験が実施され、スキナーによれば同年末までにシステムは完成の域に達した。

だが、OSRDとジェネラル・ミルズ社の契約は1944年1月に打ち切りとなった。ほどなく、スキナーら関係者にハト計画は中止するとの公式通告が届いた。通告には、「より喫緊の戦闘用手段」の開発に深刻な遅れをもたらさないために、と書かれていたが、それはたぶん原子爆弾のことだった。

スキナーはぼやいている。残ったのは「部屋一杯の奇妙なガラクタと、ニュージャージーの海岸の特徴に妙にくわしい数十羽のハトだった」。

同年、ドイツがV-1、V-2という2種類のミサイルを実戦投入したことで、ほんのひとときではあったが、風向きは変わった。ドイツの誘導ミサイル技術を知った米海軍が、実用的な追尾装置の開発の必要を痛感して、国内に研究している者はいないか探したら、ハトを抱えて途方に暮れたスキナーがいた。海軍研究所の主導で、開発計画は「ＯＲＣＯＮ」（オーガニック・コントロールの略）という新たな名称で甦った。

計画は戦後もしばらく続いたが、しかし結局のところ、１９５０年代初めに中止となった。今度とどめを刺したのは、電子技術の進歩だった。

スキナーは一連の研究を振り返って、ちょっと悔しげに書き残している。情熱的研究に支えられた幅広い思索こそ、未来の世界に貢献するものである――誘導ミサイルなんてものが要らない世界に。

どこからくるのか「爆弾コウモリ」

アメリカはもう一種、別の動物兵器にも取り組んでいた。地雷犬やハトミサイルとは違い、動物の本来の習性を利用する、より〈ナチュラル〉なアイデアだったが、発想はやはりどこかタガが外れていた。

論理的組み立てはしっかりしている。敵国日本は木造家屋が多い。木と紙でできた彼らの家は、火をつければたちまち燃える。家屋構造の隙間に入り込んで放火する有効な同時多発着火手段があれば、彼らの住宅地を効率的に灰にでき、労働者が家を失えば軍需工場は稼働困難になるはずだ――放火魔として採用されたのはメキシコオヒキコウモリ（*Tadarida brasiliensis*）だった。米国南西部に大量に生息しており「供給」に問題はない。軽いペイロードなら着けたまま飛べる。彼らの冬眠の習性を利用すれば、航空機による敵地への運搬も容易である。

思いついたのはリトル・S・アダムスという名の歯科医・口腔外科医だった。発明家としても才があり、彼が考案した航空郵便のピックアップ・システムは実業家に買われ、その事業は航空大手USエアウェイズ（アメリカン航空と合併）の源流のひとつとなっている。アダムスはコウモリ爆弾のアイデアをルーズベルト大統領に売り込み、結果的に戦時下の科学動員を仕切るべく設立された国防研究委員会（NDRC）と陸軍航空隊（空軍の前身）にピックアップされることとなった。

1943年5月、ニューメキシコ州の航空隊基地で行われた実験は〈大成功〉だった。実験本体は燃焼剤を積まないダミー・ペイロードを冬眠状態のコウモリに装着して行動を観察するものだったのだが、写真撮影用に6頭のコウモリに実際にナパーム弾カプセルが搭載された。冬眠状態から目覚める前に着火装置が起動して、燃える様子を撮ろうとしたのである。

しかし現地の気温は高く、コウモリは予定より早く目を覚ましてしまった。実験スタッフが気づいたときには手遅れで、コウモリたちは飛び立ってさっさと最寄りの建物に潜り込み、基地の管制塔と兵舎を見事に炎上させてしまった。

陸軍航空隊は怒って手を引いたが、実験に立ち会っていた海軍の将官はこの戦果に深く感銘を受けた。海軍が引き取ったコウモリ爆弾計画は、同年末に実験場をユタ州に移して続行されることになった。

予定では1944年半ばにコウモリ爆弾の量産が始まり、大日本帝国は致命的な打撃を受けるはずだった。だが同年6～7月、米軍はマリアナ諸島の占領に成功し、本州以南の日本本土がB－29戦略爆撃機の爆撃レンジの中に入った。東京大空襲で10万人が死んだ1945年3月、海軍はコウモリ計画をお蔵入りとした。

コウモリ爆弾計画を駆動したのは、敵も同じことをするのではないかという恐怖でもあった。当時の開発関係者に近い人物が、もしも日本人が潜水艦で米国の太平洋岸各地に忍びより、発火装置を装備した数万頭のコウモリを放ったら、引き起こされる山火事で西海岸の林業は壊滅するとの不安を手紙に書き残している。敵に先手を打たせてはならない、ならばわれわれが——軍備競争とは、幻との戦いでもある。

動物兵士よ永遠に

１９５０年代後半、西側の北大西洋条約機構（ＮＡＴＯ）軍と東側のワルシャワ条約機構軍とが欧州正面で衝突するシナリオが真剣な検討課題となったとき、イギリス軍はニワトリを防衛に使うことを考えた。

当時、ソ連軍は戦力で優っていた。押されっぱなしになれば、ＮＡＴＯ軍は後方に退却しなくてはならない。でも西ドイツやフランスをむざむざ占領されてはクヤシイ。単なるチキン野郎で終わらないために、退却しながらプルトニウム原爆を内蔵した地雷を埋めたり、水路に沈めたりしておき、遠隔操作または時限式で爆発させて、東側軍を食い止める計画が生まれた。試作されたこの核地雷は小型トラックほどの大きさがあり、「ブルー・ピーコック（Blue Peacock）」というコードネームで呼ばれた。だが、冬期には装置が冷えて凍り、不発になるおそれが存在していた。少なくとも敷設から数日間、内部を保温しなくてはならない。

　考え出したのが誰かは知られていないが、十分なえさとともにニワトリを入れとけばいいんじゃないか、と言い出した者がいた。窒息したり飢えで死んだりするまで、必要な熱量を供給してくれるはずだ。幸いなことにこの核地雷作戦は、実施した場合の放射能汚染の影響がイギリス国防省内部で問題となって、程なく沙汰止みとなった。

　その他真偽不明なものも含めて、動物の軍事利用にまつわる珍妙なアイデアは数多い。ネコの高所からの飛び降り能力と水を嫌う性質を利用した対艦兵器とか。これは説明しないとよくわからないと思うが、ネコに爆弾をくくりつけて空から投下すれば、海に落ちたくないので空中でもがきながら敵艦に着地すべく努力するはずだ、というよくわからない着想に基づいたものだった。実験では空中でネコが気絶してうまくいかなかったというが。

　ナチス親衛隊は、マスチフ犬に「しゃべらせる」訓練施設にスタッフとイヌを派遣したという。イヌたちは「アドルフ・ヒトラーとは誰か?」という質問に「我が総統《マイン・フューラー》!」と見事に答えたそうである。しゃべるイヌたちの軍務への応用は伝えられていないが、ナチスや超科学のマニアも、あまりにばかばかしいのかこのナチス犬については触れることが少ない。

　もしもまじめに振り返るべき点があるとすれば、動物兵士という発想が、私たちの「殺されずに殺したい」というわがままを培地としている点だろう。ヒトならざる自律的存在がエージェントとして〈殺意〉を仲立ちしてくれるなら、私たちは手を汚さず、倫理的な痛みを感ずる度合いを減らしながら戦争ができる。それはたぶん、今日の無人偵察機・爆撃機に代表されるロボット兵器の運用と、同じ一線でつながっている。

11 晴れのち曇り時々破滅——気象兵器の夢

共産圏側の北ベトナムと、自由主義圏側の南ベトナムの戦いに本格介入した米国は1966年、戦況の泥沼化を避けるべく戦場を泥沼化させることにした。泥沼にする目標は、南ベトナム領内で活動するベトナム解放民族戦線(いわゆるベトコン)に、北ベトナム側から軍需物資を送る補給路網。通称「ホーチミン・ルート」。

大半は中立国であるラオス南部を通る。空爆での破壊には限度がある。でもルートには未舗装の山道が多い。雨が降れば走りにくい。だったらもっと雨を降らせればいいんじゃなかろうか。人工降雨技術を使い、雨期に降る雨量を増やす。ルートを泥んこのぬかるみに変える。車も人も足を取られる。物流に打撃が与えられる。山崩れで道が壊れたり、大水で橋が流れたら万々歳。

人為的に雨を降らせる技術はすでにあった。ヨウ化銀などの微粒子を、空中に噴霧すること。微粒子は雨滴の核となり、気象条件さえ良ければ雨がザー。

同年10月、こっそりとテスト的な人工降雨実験がラオス領内で実施された。「ポパイ計画(Project Popeye)」という。中身がわからないようにつけるのが作戦秘匿名、そこに意味を求めても仕方がないかもしれない。だがポパイの恋人の名はオリーヴである。聖書に出て来る大洪水の後で、ノアのもとにハトがくわえて来たのはオリーヴの葉である。ひょっとして、大洪水でけしからん連中を洗い流すつもりだったのだろうか。

テスト結果は〈良好〉だった。計画は「ポパイ作戦（Operation Popeye）」に昇格した。次の雨期が始まった1967年3月から、本格的な人工降雨作戦が開始された。これは科学技術に裏打ちされた攻撃型気象兵器の、たぶん史上初の本格的運用だった。

霧ニモマケズ敵ニモマケズ

軍事的な気象改変には前例がある。そもそも天候と軍事の深い関係は、鎌倉時代の神風の故事を見ればわかる。天気は戦機を左右する。武人は神に祈って都合の良い天気を願ってきた。近代的な気象学ができると、神頼みをやめて気象学者に頼るようになった。問題は気象学者は神と違って、天気予報はできても天気を変える力がないことだった。

第二次大戦中の英国はエンジニアに頼むことにした。もちろん、敵国ドイツに疾風怒濤を見舞わせる、みたいな大それた話ではない。英国が取り組んだのはきわめて局地的な気象改変、すなわち滑走路の霧を吹き消すことだった。

まだ計器飛行が未完成の時代である。霧が出ると離着陸ができなくなる。出撃した戦闘機や爆撃機が、帰ってきたら降りられずにウロウロ、というのはとてもマズい。どうするか。霧は気温が上がれば消える。つまり滑走路の気温を上げればいい。人為的に上げるのに簡単な方法は何か。あたりで火をぼうぼう燃やすことだ。

ＦＩＤＯ（Fog Investigation and Dispersal Operation または Fog Intensive Dispersal Operation）と名づけられたこの乱暴な作戦には、実効性を疑問視する声も出たが、乱暴さでは人後に落ちないチャーチル首相の鶴の一声で実行に移された。担当は戦時石油局が務めることになった。コークスを滑走路脇で燃やす実験は、霧が霞むほどの黒煙をもくもく上げて失敗したが、石油バーナーを連ねて燃やす方法は最終的にうまく行った。バーナーの設計の中心になったのは、ガイ・ステュワート・キャレンダーという燃焼工学の専門家だった。

ただしそれはとんでもない燃料食いで、ある試算によると霧中に１機を着陸させるのに27 kLのガソリンが必要だったという。ある意味、戦時下でないとできない浪費である。今なら地球温暖化防止の観点からのクレームがつくかもしれない。

余談だがキャレンダーは、人為的な二酸化炭素濃度の増加が気温上昇とリンクしていることを、実測値に基づいて初めて示した人物である。両者の関係そのものは、１８９６年にスウェーデンのスヴァンテ・アレニウスが指摘していたが、経年データをつき合わせて実証したのはキャレンダーの１９３８年の論文が最初だった。ただしキャレンダーは、温暖化は耕作地を北に広げ、二酸化炭素が植物の成長を促し、氷河期の再来を無期限に延期させる好都合な真実だとも考えていた。滑走路でぼうぼうガソリンを燃やして温室効果ガスをばかすか放出するのに、何のためらいがあろうか。

１９４３年11月、４機のハリファクス爆撃機が、霧に包まれたイングランド中部の基地への着陸に成功した。それを皮切りに、戦争が終わるまでに滑走路バーナーは２７０６回の軍用機の離着陸を支援した。米海軍も１９４４年、アリューシャン列島アムチトカ島で霧消しバーナーの試験的運用を行った。石油貧乏な枢軸国にはとてもじゃないが真似できない。

ＦＩＤＯは勝利に貢献したという評価がある一方、それほどでもなかったという意見がある。少なくとも平時に利用できる技術ではなかった。英空軍は戦後もしばらくＦＩＤＯの利用にこだわったが、１９４９年までに運用を止めた。同じ年、米ロサンゼルス国際空港にＦＩＤＯにならったシステムが設置されたが、１９５３年には廃止された。コスト面でまったく割が合わなかったためである。

まとめればこうだ。核兵器はじめ数多くの破滅的イノベーションを生み出した第二次大戦も、本格的な気象改変技術を生み出すには至らなかった。

世評ニモマケヌ丈夫ナカガクヲモチ

状況が変わったのは、戦後の１９４６年だった。ジェネラル・エレクトリック社（ＧＥ）の研究所に就職して間もないバーナード・ヴォネガットという化学者が、ヨウ化銀が効率的に空気中で氷の結晶を作るのを見出した。ヨウ化銀は結晶構造が氷と似ていて、氷晶のタネ（核）になる。早い話、こいつをばら撒けば空気中の水分が寄り集まって、雨や雪になる。

それまでも、ドライアイスを使う降雪実験が各地で行われていたが、雲散霧消するドライアイスと違い、ヨウ化銀の微粒子はより安定した効果が見込めた。早速行われた野外実験の結果はまちまちだったが、ヴォネガットの上司アーヴィング・ラングミュアは前のめりになった。界面化学の研究でノーベル化学賞を受賞し、ＧＥ研究所のトップスターだったラングミュアは、長年の部下のヴィンセント・シェーファーとともに、戦時中には軍から委嘱されて人工的に雲を作り煙幕に使う研究に取り組み、戦後はあちこちの空にドライアイスをばら撒くのに関わり、要するに気象改変に並々ならぬ意欲をもっていた。

ただし、安定しているということは、環境中にしばらく居すわるということだ。ヴォネガットは、後に大気化学の専門家としてニューヨーク州立大学で教鞭を執るが、ヨウ化銀で見境なく雨を降らすのには懐疑的だったと吐露している。その懐疑は、彼の弟が遠回しながら作品に結晶させた。現代アメリカを代表する作家のひとりカート・ヴォネガットは１９６３年、『猫のゆりかご(Cat's Cradle, 英語で「あやとり」の意味)』という小説を書いた。それは兵隊が湿地帯を行軍しやすくするのに使える発明、すなわち体温より高い温度で水を氷結させる物質が、地球上の水に連鎖的に反応して世界をカチンコチンにして滅ぼす話だった。

ラングミュアは世界を滅ぼすつもりはなかったが、アメリカを滅ぼす敵に対抗する手段をもつのには前向きだった。彼は、気象改変技術が核兵器並みに強力な兵器となりうると考えていた。ある計算では、十分に発達したハリケーンは、10メガトンの核爆弾を20分ごとに炸裂させるのと同等のエネルギーを放出する。これには「水爆の父」エドワード・テラーも心を惹かれた。彼は気象改変技術の熱心な支持者となった。「ロシア人たちが大規模に気象制御ができるようになった世界を思い描いてください」。１９５７年、彼は上院の軍備小委員会でそう述べて、気象改変技術の開発の重要性を訴えた。

批判的な人々も多かった。テラーと同じくハンガリー・ブダペスト生まれで、テラーと同じくナチスの迫害から逃れて米国に渡ったユダヤ系科学者で、テラーと同じく原子爆弾をこしらえるマンハッタン計画に関わり、大規模核戦力に基づく相互確証破壊（ＭＡＤ）戦略を唱えてテラーとともにスタンリー・キューブリックの反核パロディ映画『博士の奇妙な愛情』（１９６４）に登場するマッドサイエンティストのモデルのひとりに擬せられてしまったジョン・フォン・ノイマンは、テラーとは違って気象改変技術に懐疑的だった。

１９５５年、米『フォーチュン』誌に寄せた記事で、彼は気象・気候の改変技術を「まったく〈異常な〉産業（“abnormal” industry）」だとクサした。続けて、化学物質を雲に撒いて雨を降らせることは大切かわからないけれど、でもそれだけで気象コントロールができるなんて言えないですよね、みたいなイヤミを気象改変技術の支持者に叩きつけた。現代のコンピューターの基本設計を作り、それを天気予報に応用する仕事をしたフォン・ノイマンは、気象現象を数理的に捉える困難さを実感していた。理論家が実践家を行き当たりばったりな奴らだとクサす科学の伝統に忠実だったのかもしれない。ただ彼は同時に、気象改変には核兵器並みのポテンシャルがあり、そしてすべからく技術というものは、使用可能になれば使われてしまうものなのだ、と述べて不吉な託宣者《フォーチュン・テラー》を演じた。

実験に携わる現場の観点からの疑義も存在していた。水不足の地域での民生ベースのヨウ化銀撒布が試みられ、また大西洋のハリケーンに撒いて勢力を弱める実験も気象局（現在は米海洋大気庁の一部）を母体に設立された国立ハリケーン研究計画（ＮＨＲＰ）の科学者らが散発的に行っていた。だがヨウ化銀の「タネ撒き」に実効性があるかどうかは、なおも議論の渦中にあった。要するに「使える」技術なのか。

1963年11月、米科学アカデミー大気科学委員会は、気象・気候改変についての研究班を組織し（メンバーにはGEを辞めて間もないバーナード・ヴォネガットもいた）、翌年8月にかけて5回の研究集会を開いた。目的は、人工降雨などの気象改変技術を大規模に試すのに意味があるかを検討すること。

研究班のリーダーを務めた地球物理学者ゴードン・J・F・マクドナルドは、プレート・テクトニクス説に反対したり科学のトレンドを見誤ることがあったが、逆に言えば時流に流されない一徹な男だった。1964年にまとまった報告書は、過去10年間にこの分野には目覚ましい進歩があり、「タネ撒き」によって過冷却状態の霧や雲は消せると述べつつ、冬場の嵐の降水量を増やすことやハリケーンの制御などが可能だとはみられないと結論づけた。曰く、「大規模な気象改変の実施計画を立ち上げるのは時期尚早である」。

換言すれば、軍事利用も時期尚早ということだ。マクドナルドはその後、科学者コミュニティ内での気象兵器反対派のリーダーのひとりとなる。

東ニ敵国アレバ行ッテ雨ヲフラシテヤリ

フォン・ノイマンが怖れたレベルの気象兵器はおいそれとできそうになかったが、人工降雨に対する科学者や軍人の関心が途絶えることはなかった。そもそも気象改変技術は、同じものが民生用にも軍用にも使える。とくに海軍は熱意を失わなかった。基礎科学研究部門を擁するカリフォルニア州チャイナレークの兵器試験場では、１９６１年から気象改変研究が始まり、ヨウ化銀を噴霧する装置や運用方法の開発が行われた。

中心になったのは、地球物理学者のピエール・セントアマンドだった。第二次大戦中はアラスカで軍務につき、アラスカ大学を卒業後カリフォルニア工科大学へ進学。在学中の１９５０年に海軍に就職し、１９８８年に引退するまで兵器試験場に勤務する。本来の専門は地質学で、チリ地震はじめ内外の地震の現地調査を行い、太平洋海盆の構造研究にも取り組んだ。一方で博士論文は電離層の状況と大気光の関係を調べたもので、大気中で起こる現象にも詳しかった。

海軍兵器試験場の気象改変研究は当初、ＮＨＲＰが始めた「ストームフューリー計画（Project STORMFURY）」に協力するかたちで進められた。ハリケーン中心部の構造と、その動的メカニズムについての仮説に基づき、適切な位置へのヨウ化銀撒布でハリケーンの最大風速を減らすのを狙ったものである。１９６１年９月、海軍の航空機を使って最初の実験が行われた。風速が低下した試行としなかった試行があったが、結果はいちおう〈成功〉だと解釈された。１９６２年にこの計画は、海軍と商務省の共同プロジェクトとなった。

ストームフューリー計画での海軍側科学者の代表格となったセントアマンドは、人懐こい顔立ちで、仕事を離れた社会活動にも首を突っ込むフリーダムな一面もある人物だったが、軍の一員としての一線は踏み外さなかった。彼とつき合ううちに、ＮＨＲＰの科学者らはだんだんと「同床異夢」に気がついた。セントアマンドは、ハリケーンを強めたり進む方向を変えることにも関心を寄せていた。それは海軍がストームフューリー計画を、将来の軍事利用のための基礎研究の場としてとらえていることを示していた。

「私たちは気象を兵器とみなしています。何であれ目的完遂に使いうる手段は兵器であり、気象はその点で他に劣ることはありません」

1965年11月5日、ラスヴェガスで上院商務委員会の巡回公聴会が開かれた時、兵器試験場の幹部軍人とともに出席したセントアマンドはそう率直に述べた。公聴会のテーマは気象改変。それへの研究投資、および規制の方針を議会として考える叩き台の場である。

ついでに彼は、ストームフューリー計画の法的・社会的側面について問われて、次のように語っている。やがて他国の気象を変える技術も可能になるだろう。その場合、水資源を巡る経済戦争が起こるかもしれない。とすれば、どのつまり気象改変についての国際的規模の合意が生まれていくことになるだろう。

海軍兵器試験場がどこまでコミットしていたかは不明だが、すでに1963年、米中央情報局（CIA）が南ベトナムの首都サイゴン（現ホーチミン）で人工降雨を試みていたとの話がある。南ベトナム政府の施策に抗議する仏僧らのデモを〈雨天中止〉にさせるためで、正面からの軍事利用とは違うが、他国の気象をいじくるのはもはや絵空事ではなかった。セントアマンドが公聴会に出た頃、海軍だけでなく空軍にも、雨降り作戦を真剣に考えるグループが生まれていた。

そして、気象技術を戦いに使うときの「ルール」は、いまだ未来の話題だった。

バレタカラニハヤメロトイヒ

１９６６年、国防総省防衛工学局は、海軍兵器試験場の取り組みを踏まえて、ホーチミン・ルートに雨を降らせる作戦を提案した。冒頭のポパイ計画である。計画は軍部と、大統領直属の科学技術局（現在の科学技術政策局）、および大統領科学顧問にしか知らされておらず、国務省は蚊帳の外だったといわれる。

ポパイの最初の雨降らしの後、科学技術局などの文官グループは、本格的な降雨作戦に移るのはやめた方がいいとジョンソン大統領に上奏した。どれだけ効果があるかわからないのが理由のひとつだったが、もうひとつの理由は、国際協力の上に成り立っている気象情報の交換にひびが入りかねないというものだった。米国が気象改変技術を兵器として使っていることがバレて、怒った国が気象情報を米国に対して出し渋るような事態になったら実に困る。

しかし反対意見は押し切られ、万一バレたりしないように、ポパイ作戦は統合参謀本部の直轄任務とされた。作戦は気象観測飛行を装い、通信も通常回線と作戦専用の特殊回線の２つが用意された。

雨男になったのは、タイ北東部ウドーン基地に駐留する米空軍第54気象観測飛行中隊だった。C−１３０輸送機とＲＦ−４偵察機（Ｆ−４ジェット戦闘機の偵察任務型）が投入され、ラオス南部を中心に、南北ベトナム、カンボジアにわたる作戦エリア上空にせっせとヨウ化銀を撒き続けた。実施部隊では、この降雨作戦は「モータープール作戦（Operation Motorpool）」と呼ばれ、合い言葉は「戦争じゃなく、泥んこを作ろう（Make mud, not war）」だったという。

5年間続いた作戦は2160万ドルの予算を費やし、2602回の「タネ撒き」飛行が行われた。戦果の評価はやはり分かれる。一定の成果はあったと見る人もいれば、役立たずだったとする気象専門家もいる。降雨量を最大で約180㎜増加させたとの主張があるが、検証に必要なデータがきちんと取られていなかったのである。

いずれにしても、戦況を覆す効果はまったくなかった。ホーチミン・ルートが全面通行止めになることはなかった。ぬかるんで泥まみれになったのは、50万人を超える兵員を送り込み、先進的な科学技術を動員しても勝つことができなかったアメリカのプライドだった。

1971年3月、人工降雨作戦の存在をワシントン・ポストがすっぱ抜いた。同年6月にはベトナムへの米国の関与をまとめた国防総省の秘密文書が、執筆担当者のひとりだったダニエル・エルズバーグのリークで明るみに出る。通称「ペンタゴン・ペーパーズ」と呼ばれるその分厚い文書には、ごく短いながらポパイ作戦の存在が記されていた(ちなみにそこでは、POP EYEと2語で表記されている)。翌1972年7月、ニューヨーク・タイムズが改めてポパイ作戦について報道し、その2日後、作戦は中止された。

前月の6月上旬には、ストックホルムで国連人間環境会議が開催されていた。環境問題が世界的な政治課題となる中で、気象改変作戦を堂々と続けるのはさすがにマズかった。米議会では、人工降雨を含め環境兵器の使用を問題視する動きが活発化していた。

ユキドケノトキハアクシュヲカワシ

１９７４年７月、米ソ両国は共同声明で、環境改変兵器の規制について話し合いを始めたと世界に告げた。核軍備管理めぐる談合だけでもめんどくさいのに、さらに新ジャンルの兵器でパワー・ポリティックスを繰り広げるのはしんどかった。ブレジネフ書記長は米中の関係改善に気が気ではなく、ニクソン大統領はウォーターゲート事件で尻に火が着いていた。第四次中東戦争に伴うアラブ諸国の石油戦略（選択的禁輸）の発動は、西側諸国の経済をへろへろにしており、ソ連経済はそもそも、産業革新のバスに乗り遅れた労働者農民の力強い歩みをへろへろと続けていた。

仲の悪さで折り紙つきだった両国は１９７５年８月、にわか仕立てのペアルックを着る鬱陶しい恋人たちのように、英語とロシア語でまったく同一の環境兵器規制条約案を書いて国連軍縮委員会に提出した。直前の７月には、軌道上でドッキングしたソユーズとアポロ宇宙船の乗組員が、エルベの誓いから久し振りの親身な握手を欧州上空で交わしていた。この緊張緩和をソ連人はロシア語で「ラズリャートカ」と言い、米国人はフランス語で「デタント」と呼んだ。

１９７６年12月、「環境改変技術の軍事的使用その他の敵対的使用の禁止に関する条約（ＥＮＭＯＤ）」が国連総会で賛成多数で採択され、翌年に正式な条文がまとめられた。日本の外務省による第１条１項の訳文はこうである。「締約国は、破壊、損害又は傷害を引き起こす手段として広範な、長期的な又は深刻な効果をもたらすような環境改変技術の軍事的使用その他の敵対的使用を他の締約国に対して行わないことを約束する」。それは軍事的意図に基づく地震や津波の人工的な発生、そして台風・ハリケーンの改変を禁止するものだった。米ソは批准し、日本も１９８２年６月に条約加入を閣議決定して国会で承認した。

気象兵器は、とりあえず国際法のもとで、個別的にも集団的にも使いづらいものになった。ただ、使えないのは広範(widespread)、長期的(long-lasting)、深刻な効果(severe effects)をもたらすものに限られていた。条文を詰める会議の間、メキシコは他のラテンアメリカ諸国とともに、そんな限定をつけないよう最後まで踏ん張ったが、そこには自国の近くで米国にハリケーンをいじくられてきた不信感が滲んでいた。一方でこの条約は、「環境改変技術の平和的目的のための使用を妨げるものではなく」とはっきり定めていた。発展途上国の側には、気象改変技術の民生利用のための国際協力を求める声もまた存在していた。

ENMODは、軍事技術の規制条約ではありながら、核不拡散条約などとは異なる奇妙な色合いを帯びることになった。核爆弾は現実に存在している。だが世界を破滅させられる気象兵器はいまだない。日本の外務省のレポートはこう記している。「禁止の対象が必ずしも現在の技術のみでないため具体的な技術の使用を禁止できず、そのため技術の使用の結果が「広範、長期、重大」なものを禁止しようとするもので、その意味であくまでも予防的軍備管理措置である」。ENMODは、未来の技術を規制しようとするSF的な条約だった。あるいは、SFじみた未来兵器のコンセプトを、現実の国際条約の文面の中に温存したものと言えないでもなかった。

ただ、まもなくもっと確実に文明社会を壊せる兵器が喫緊の話題となった。ふっと気がつくと、東西対立の最前線である欧州正面に「使える」核兵器、すなわち中距離核戦力(INF)が蓄積されていた。束の間の情事にうつつを抜かした米ソは、我に返って冷戦に立ち戻った。核戦争が再びリアリティを持ち始めた。先進国の人々は気象兵器どころではなくなった。風が吹くときや、その日の後に、自分たちがどうなるかを思案するのに忙しくなった。

イツモシヅカニワラッテイル

幸いなことに核戦争は起こらず、経済的に立ち行かなくなっていたソ連は１９９１年のクリスマスをもって営業を終了した。調子こいたアメリカの知識人たちは、歴史の展開もこれで終了、民主主義・自由主義・資本主義を基調とする世界の最終形態に私たちは達しました皆さんお疲れ様でした、といったポスト冷戦を彩る議論で盛り上がった。米国はしばらく、名実ともに「世界の警察官」をもって任ずる立場になった。

しかし丸腰の警察官はいない。いざという時〈悪漢〉にぶっぱなせる武器は要る。核兵器はさすがにぶっぱなしづらいので、もう少しマイルド(?)な戦力が求められた。気象兵器は、そのリストに残った。

１９９６年夏、米空軍はアメリカが軍事的優位を保ち続けるための将来構想をまとめた。『空軍２０２５』というハリウッド映画みたいなタイトルのついたその報告書は、あくまで調査研究であって政府や軍の公式立場を表明したものではなく、想定している状況・シナリオは実在の人々や出来事と関係ありません、といった版元おことわりみたいな文言がくっついていたが、今後求められる航空・宇宙戦力のありかたを列挙していた。

基本的には２０２５年という未来世界を想定して、通信システムや戦力・兵站の運用などの構想を唯一の超大国の立場からどこか余裕綽々で書き連ねたものである。登場する想定シナリオは、ロシアや中国から手に入れた戦闘機で武装したメチャクチャ強大な麻薬組織と戦う、といったやっぱりハリウッド映画的ないし冷戦後のユルんだ雰囲気をそこはかとなく感じさせる代物だったが、想定できる外敵が枯渇していた時代なので仕方がない。ただ、将来の戦いの可能性として「ウクライナと再起したロシアの間の紛争」を挙げるなど、プロの冷徹な視点がかいま見える部分もある。ついでに、多国籍企業が世界の主要プレーヤーとなるシナリオでは、そうした主体を「ザイバツ(Zaibatsu)」と書いてあって、昔の日本経済には米空軍も一目置いてたんだなあと要らぬ感慨に耽れる。そこには「戦力増強役としての気象：２０２５年の気象をわが手に」と題する章が設けられていた。

レポートは過去のポパイ作戦にも触れつつ、米政府はそうした技術を発展させず、また広範・長期的・深刻な効果をもたらすのはダメという国際協定があるけれど、「短期的で局地的な降水量改変」ならば大いに可能性はある、と述べていた。

戦場での嵐の利用についても一節を割いている。技術面での限界が存在し、また「政治的、環境的、経済的、法的、倫理的な観点から分析を局地的な雷雨嵐に限り、ハリケーンとか強い低気圧のようなメジャーな嵐は慮外とした」と慎ましやかに語りつつ、この分野には「とてつもない潜在的可能性」があるから今後も研究開発をすべきである、と未来の技術者にバトンを渡した。

まとめ部分はこう述べている。「気象改変は航空宇宙の場を制する我らの力を強化しうるものなのである(weather-modification can enhance our ability to dominate the aerospace environment)」。

かくして、気象兵器の〈夢想〉は続く。

米国のポパイ作戦の関係者は、ナパーム弾による空襲や枯れ葉剤の投下などより、雨降り作戦の方が人道にかなっていると思っていた。セントアマンドも、「爆弾で歩兵部隊を吹き飛ばすのと、大雨で動けなくするのと、どちらが残酷な話だろうか」と述懐している。ただこの問いには、フォン・ノイマンの命題が答えを導いてくれるだろう。もしも爆弾も大雨も使用可能なら、両方使われるに違いないのである。

＊　＊

それでも、ポパイ作戦はセントアマンドの実績として語り継がれることになった。彼自身、多くの米兵の命を救ったと誇っている。ある意味、成果が華々しいものでなく、より悲惨な戦いがベトナムで展開されたため、ポパイ作戦は「忘却」という免罪符を手に入れたのかもしれない。

ちなみにセントアマンドは後に別の場で、「専門家としての私の仕事の動機は、人類の利益に資する安全で価値ある環境利用に向けられていた」と述べた。本人の中ではウソは言ってなかったはずである。

彼は米国のもうひとつの秘密作戦だった「グロメット計画（Project GROMET）」でインドに飛んだことがある。それは、旱魃地帯に米軍の技術で雨を降らせる支援活動だった。もちろん無垢な善意からではなく米国のプレゼンスを示すためであり、かつ隣国パキスタンを刺激しないためにこっそりやらなければならなかった。結果はやはり微妙なものだったが。

ついでに言うとストームフューリー計画も、前提の仮説に問題がありハリケーンの制御はできなかった。うまく行ったように見えたケースも、後の検証で本当にヨウ化銀撒布によるのかわからないことが示された。

最後に奇妙な逸話を。1950年代末にサンフランシスコ北方のボデガ湾で、パシフィック・ガス＆エレクトリック社が原発建設計画を立ち上げた。1963年、安全性を危惧するシエラクラブのメンバーがラジオで科学者に協力を呼び掛けたとき、「聴きましたよ、助けに行きたいんだが」と真っ先に電話したのがセントアマンドだった。同年4月、作業員のいない週末に、セントアマンドは反対派メンバーとともに建設サイトに入り込んだ。彼は嘆声を上げ続けだったという。「これ以上ひどい基盤条件は思いつくのが難しかろうね」。見事な地震断層が一目瞭然だった。ボデガ湾原発は中止に追い込まれた。

ハリケーンの兵器化を狙っていた男にも、原発事故の方がリアルにおっかなかったのである。

12　メークラブ、ちょっとウォー――「愛」の軍事利用

「惜みなく愛は奪ふ」と、大正時代の作家・有島武郎は述べた。数年後に人妻と心中して腐乱死体になった。愛にはかなりの殺傷力がある。

だったら愛は、兵器にもなるんじゃあるまいか。

もちろん愛そのものは殺さない。当事者に合理的行動を取らせる理性をちょっぴり奪うだけであ

る。でも、そもそも攻撃兵器の身上とは何か。敵の行動能力を奪うことである。たまたまその目的を達成するのに最も手っ取り早いやり方が、相手を怪我させたり殺したりすることだったので、兵器は斬ったり突いたり爆発したり病気にさせたりするのに明け暮れてきた。しかし同じ目的が達成されるならば、別段そんなことにこだわる必要もない。相手が無力化できれば、それでいいのである。それが「道具」としての兵器の本質である。

冷戦が終了し、湾岸戦争に圧勝し、しばらくの間世界唯一の超大国として君臨した1990年代のアメリカでは、戦争の新たなスタイルが模索された。国同士が大軍を繰り出して真正面から戦う戦争は、しばらくありそうにない。それより小規模な武装勢力をどのように効率的に鎮圧するかが重要となるだろう。いわゆる「低強度」の紛争場面への対応である。地域住民に紛れ込むゲリラに核ミサイルをぶちこむわけには行かない。冷戦構造で鍛え上げられた米軍の兵器システムは、少々練り直す必要がある。

このような時代的要請を背景に、米空軍ライト研究所は1994年6月1日付のタイムスタンプがある報告書の中で、新たな非殺傷型兵器のコンセプトの提案を行った。その中に含まれていたオプションのひとつが、「媚薬(aphrodisiacs)」の開発だった。

オール・ウィ・ニード・イズ・ウェポン

オハイオ州ライトパターソン空軍基地内に置かれたライト研究所(Wright Laboratory)は、兵器および兵站システムの運用・管理を担う米空軍資材コマンド麾下《きか》の研究開発部門だった。現在は、他に3つあった研究所とともに空軍研究所(Air Force Research Laboratory)に統合されている。

「困らせ、鬱陶しがらせ、また「味方ならざる者」を見分ける化学物質(Harassing, Annoying, and 'Bad Guy' Identifying Chemicals)」という、仲の悪いご近所同士の嫌がらせ合戦を軍事レベルにエスカレートさせたみたいなタイトルがつけられたその報告書は、人体への被害が低レベルで、かつ間接的に効果を発揮する化学物質の開発プランをまとめたものだった。つまり、同じ化学物質でも直接的な打撃を狙う毒ガスなどとは、異なる発想に基づくものである。実戦運用が可能となる目標期日は2000年9月1日。予算見積は750万ドル。日本円で8億円くらいの、比較的お手頃価格を謳う計画である。

報告書では、3つのタイプの機能性化学物質が提案された。敷衍しながら説明するとこうだ。

第1のタイプは、言うならば生物・化学コラボ兵器である。生き物を誘引する物質を敵陣にスプレーする。引き寄せるのは、まず刺したり噛んだりする虫。次いでネズミ。もっと大型の動物でもよい。そいつらが、わらわらと敵陣に押し寄せる。ついでに、撒布する物質には動物たちの攻撃的かつ鬱陶しい(aggressive and annoying)行動を誘発する成分も含まれる。敵兵、大弱り。

映画で言えばヒッチコックの『鳥』を、人為的に引き起こすような作戦だが、ライト研究所のスタッフたちも昆虫ホラー映画かなんかを見ていたに違いない。報告書は具体例として、浴びた者をハチが刺したくなるような物質を挙げている。「浸透ルートに対してとりわけ効果的であるだろう」とされているのだが、ただし、そのようなルート沿いにハチの巣を設置しておく必要があるとも書き添えられている。ちょっと面倒くさい。

第2のタイプは、非致死的ながら何週間も消えない「マーキング」を相手に施す物質である。そのマーキングは、周囲の人々を嫌がらせるような効果をもつものとする。臭気とか外見とか。敵陣やその進行路でスプレーすれば、兵たちが困るだけでなく、彼らが地域住民の中に混ざり込むのを困難にするであろう。

このタイプは、戦闘要員と民衆がもともと入り混じっているような場合にも効果を発揮するだろうとされている。一般市民は、何とかしてくれと米軍のもとにやってくる。やってこない奴は敵側である可能性が高い。かくして、友好的な者とそうでない者を見分けることができる。要するに、ええい面倒だ、兵士も市民も見境なくクサくしちまえ、という豪快かつ合理的なアメリカン・スピリッツ(?)溢れる作戦である。

貴様と俺とが同時に錯乱

第3のタイプが、「ヒトの行動に影響を与え、それにより敵部隊の統制と士気に逆方向の影響を及ぼすような化学物質」である。作用の仕方の例として、2つのアイデアが示されている。ひとつは、兵員を「太陽光に極めて過敏に」させるような物質。吸血鬼映画に着想したのだろうか。そしてもうひとつが、こんな代物だった。

「好ましくはないが完全に非致死的な例として、強力な媚薬があるだろう。同性愛行動(homosexual behavior)をもまた惹起させるものであればとくに」

タイプ1の物質、つまり昆虫などを集めて敵を困らせる物質の候補に挙げられているのが、交尾相手を誘引する性フェロモンなので，そこから連想をふくらませて，「ヒトでもそんなのがあったらいいよね」と考えついたのかもしれない。

戦友に同志愛以上の愛情を感じるようにさせれば，混乱が生じ，それに乗じて我が軍は優位に立てるであろう。考え方は平和運動とは真逆だけど，とりあえずラブ・アンド・ピース。とくに同性愛行動の喚起がオススメとされるのは，戦場の兵士の構成が，一方の性に大きく偏っているからであるのは言うまでもない。軍の仕事への女性の進出は各国で進んでいるが，報告書の書かれた当時も今も，基本的に戦闘部隊は男性中心。媚薬が戦いの最中で最大の効果を発揮するためには，男同士の強烈な愛情を引き起こすのが合理的となる。

とはいえ。

まず，そのような行動を引き起こす物質があるかどうかは，未知の領域に属する。報告書には技術面について考察した節も設けられているが，そこに具体的な記述はない。「部隊の士気や効力を混乱させるような形でヒト行動に影響を与える物質が創製される必要がある」と素っ気なく述べられているだけである。言い換えれば，科学技術面での実現可能性が見通しづらい。

そして，報告書が自ら「好ましくない」（と訳したが，原語は distasteful で，不快というニュアンスが強い）と述べているように，こんな破天荒なプランが世間にバレたら，どんな反発を食らうかわからない。取り扱いには，細心の注意を要する。

報告書の存在は伏せられ，内部文書として回覧されるだけにとどめられた。

忍ぶることの弱りモゾモゾ

人知れずこっそりと育まれた愛の兵器プランが、突然もっこりと人目にさらされたのは２００４年のことだった。米国とドイツに事務所を置き、バイオテクノロジーの軍事利用に警鐘を鳴らす活動をしていた国際ＮＧＯ「サンシャイン・プロジェクト」が、情報公開法に基づいて生物兵器や非致死性兵器に関連する政府文書を請求して中身をチェックする中で、ライト研究所の報告書が網に引っかかったのだ。

同年12月末、サンシャイン・プロジェクトは報告書の存在を自分たちのサイトで明らかにし、それを受けて翌２００５年1月中旬、米国内外のメディアがこぞって取り上げる事態となった。中でも人々が注目したのが、想像に難くないことではあるが、媚薬の兵器化のアイデアだった。

奉られた〈愛称〉には、「愛の爆弾(Love Bomb)」という比較的上品なものもあったが、もっとも流布したのが「ゲイ爆弾(Gay Bomb)」という直截な名前だった。この名前はその後、「いわゆる」を意味するクォーテーションつきではあったが、科学誌『ネイチャー』や『ブリティッシュ・メディカル・ジャーナル』も採用する半ば公式じみたものになっている。

余談だが、英語版ウィキペディアでもこの名称で項目が立てられているのだが、日本語版ウィキペディアはもっとえげつなく「オカマ爆弾」というディスティストフルな名前としている。より公正に、かつ先進的兵器らしさを示すために「同性子爆弾」という名前を考えたのだがどうだろうか。

それはともかく、米国防総省は対応に追われることになった。同省や、この分野の兵器を統括する統合非致死性兵器局(Joint Non-Lethal Weapons Directorate)の担当官は、メディア取材に対してライト研による提案の存在は認めたが，それは「即刻却下された」「提案に記述されていたシステムはいずれも開発されてはいない」と回答した。

サンシャイン・プロジェクトはこの返答に満足せず，自分たちの調査では，統合非致死性兵器局が2000年に作成して政府と軍の関係機関に配布した業務説明用のCD-ROMや，2001年に技術評価のため米科学アカデミー（NAS）に提供した提案中の兵器に関する情報リストに，この「困らせ，鬱陶しがらせ……」論文が含まれていると指摘した。少なくとも「即刻却下」というのはウソだ。

ただ，「ゲイ爆弾」に関する新たな公文書はその後発掘されず，予算が支出された証拠も見つからなかった。

愛研究の流刑地

米空軍ライト研究所は，2007年10月に思わぬ〈名誉〉に輝くことになった。同年度の「イグノーベル平和賞」を受賞したのだ。授賞理由は，「敵兵を互いに性的にガマンできなくさせる化学兵器――いわゆる〈ゲイ爆弾〉――の開発・研究を焚きつけた」功績による。

イグノーベル賞はすっかり有名になっているので，いまさら説明も不要だろうが，「人々を笑わせ，その後に考えさせる」ような業績に与えられる賞である。10月4日のハーバード大学での授賞式に，ライト研の関係者がのこのこ出て来ることはなかったが，同賞の主宰者であるマーク・エイブラハムズはその折のインタビューで次のように述べている。

すなわち、ゲイ爆弾計画がその後どうなったかについてはわからない。ただ、かつて研究所のスタッフだった人物からこんな話を聞いている。もしもゲイ爆弾の研究がさらに進められていたならば、ただちに秘密扱いとなったろうし、「あなたも私もそれについて知るよしもなかったろう」と。媚薬兵器は、確かに検討課題としては存在していた。しかし、軍当局からはあえなくフラれてしまったらしい、ということだ。

イグノーベル賞の乱痴気騒ぎを〈花道〉に、ライト研の報告書は生物化学兵器の野放図な発展を危惧する人々の視界から消えた。サンシャイン・プロジェクトも、資金難から調査の継続が困難になっており、２００８年に活動を停止した。「ゲイ爆弾」は、一種のおもしろ一行知識じみたものとして語り継がれるばかりになった。

しかし、愛の妙薬への関心を、軍が失ったわけではない。

分娩に際して盛んに分泌され、母性行動を強化する作用をもつ体内物質オキシトシンが、その他にもさまざまな働きをすることが知られてきたのは20世紀末頃からである。恋に落ちたと感じている時、またエクスタシーを感じている時に血中濃度が増す。ラットに投与すると勃起する。不安を和らげ、麻薬などへの渇望を抑制する。プレイリーハタネズミは配偶相手を裏切らなくなる。２００５年に『ネイチャー』に掲載された論文では、実験条件下での投資委託判断に際して、オキシトシンを鼻薬として嗅がせると（文字通り鼻腔にスプレーした）、人間同士の信頼感情を高めることが示された。そんなこんなで奉られた別名が、「愛のホルモン」。

一方で、２０１０年にオランダの研究者らは、オキシトシンが強化する利他行動が「偏狭」なもので、身内には親切になるが競合する他者には防御的な感情を抱かせるとの論文を米誌『サイエンス』に載せた。さらに同じ研究者たちは２０１１年の正月早々、『全米科学アカデミー紀要』に、複数の他者のうち誰かを助けなければならないような課題で、自国民の名前を持つ者を助ける行動がオキシトシンで促進されるとの結果を発表した。イスラーム系の「モハンマド」さんやドイツ系の「ヘルムート」さんを犠牲にしても、オランダ人らしい「マールテン」さんを助ける傾向が見られたのである。

こいつはちょっと調べておかなあかんね、何しろウチは「E Pluribus Unum（多数からひとつへ）」がモットーの国で、軍隊の中にいろんな出自の人を抱えているし、攻め込む先も多様性に富んでいるし……などと国防総省当局者が考えたかは知らないが、オキシトシンは米軍が調査予算を出す関心事項になった。忖度するに、兵の団結に役立つのか、個々の兵員の信頼度を計測する客観的な指標になりうるのか、あるいは分裂を狙う敵勢力からの撒布を警戒し対抗手段を用意すべきなのか、良識ある市民を護国の鬼に変える愛国薬となりうるのか、そもそも言われているような効果は本当に考慮に値するものなのか、軍事的価値を真剣に検討すべきなのかそうでもないのか。

調査を担当したのが、ライトパターソン基地にあるライト研の後身、米空軍研究所だった。

生まれ出ずる悩み？

２０１１年12月、空軍研究所が開始した「愛のホルモン」研究の予算は、基地のあるオハイオ州デイトンの地元紙スプリング・ニュース・サンの報道によれば１００万ドル。基礎研究としては、なかなかの額である。ひとつには、研究に参加するボランティアを時給21・5ドル、プラス報奨金というなかなかの厚遇で集めたためと思われる。

研究リーダーとなった空軍研究所のジェームズ・クリステンセンは、マンマシン・インターフェースなど認知工学系の論文が多い研究者だが、チームには研究所の分子生物学的効果(Molecular Bioeffects)部門のベテランも参加した。

先行研究に基づき、パートナーを裏切るとよけい金が貰える囚人のジレンマ型の課題が用意され、参加する被験者の血中オキシトシン量をはじめ生理的データが取られた。

結果は2014年12月、オンライン学術誌『プロス・ワン』に掲載された。うがった見方をすれば、軍として公表できる結果のみが論文になったのかもしれないが、それでもその結果は、人々の心胆を寒からしめるものだった――人々、というのはオキシトシンの心理的影響を唱道してきた研究者たちであり、心胆寒からしめるというのは言い過ぎで、彼らに真っ向からケンカを売った、というのがより正しいのだが。

かいつまんで言うと、オキシトシン量の測定にはイムノアッセイ、すなわち免疫学的な反応に基づく手法が一般に用いられる。調べたい物質とくっつく抗体を用意し、試料と混ぜ合わせてどれくらいくっつくかを見る、という方法である(ELISA法とRIA法という2つのやり方がある)。だが、これには注意点があって、用意した抗体は、ひょっとしたら調べたい物質ではない物質とも反応してくっついてしまうかもしれない。そうなると、結果はいわば〈ノイズ〉だらけとなって、調べたい物質の量を本当に測っているのかわからなくなる。そのため、試料を前処理して、ノイズになりそうな他の物質をなるだけ排除しておくのが望ましい。

クリステンセンらは、この前処理をしないでオキシトシン量を測ると、とくにＥＬＩＳＡ法を用いた場合、結果が信頼に足らぬものになるのを見出した。この組合せで結論を出している論文が、実はごろごろある。そのような研究は、「きわめて注意深く解釈されなければならない」。要するにダメ研究だろってこった。

きちんと測るには、前処理をした上でＲＩＡ法を使うのがオススメだが、それを用いて囚人ジレンマ課題をやってもらった被験者の血液試料を調べてみると、信頼がかかわる人と人とのやりとりと末梢オキシトシンの増加を関連づけた先行研究の結果を「われわれは再現できなかった」。結論として、「血漿オキシトシン濃度と、人を信ずる、または信頼できる行動との間の有意な関係は見つからなかった」。

進軍ラッパのかわりに残念ラッパが吹き渡る結果となったが、軍にとっても科学にとっても、再現可能性は重要だという話ではある。不確実な科学に基づいて不確実な兵器を作るわけにはいかない。愛の軍事応用、いまだ道遠し。

＊　＊

ただ、つけ加えておくべきかもしれない。イグノーベル賞関係者を含め、多くの人々が、「ゲイ爆弾」という概念にいささかのジョークめいた感覚を抱いた。殺し合わずに愛し合う兵器なら、それはそれで結構じゃないか、無差別殺戮を旨とする大量破壊兵器よりもよっぽどマシだ、云々。

だが、1994年のライト研究所の報告書に述べられているのは、あくまで「媚薬」であり、現況に即したひとつのオプションとしての「同性愛行動」である。

女性の軍人・兵員の比率は、これから増えることはあっても減ることはないだろう。例えば米軍は2013年、直接地上戦闘(direct ground combat)に関わる部隊に女性を配置するのを禁じていたそれまでの規則を撤廃した。2015年現在、〈女人禁制〉だった部署の開放に向けた作業が精力的に進められている。ちなみに、2015年初頭の段階で全米軍の15%が女性であり、イラクおよびアフガニスタンに派遣された女性軍人はのべ28万人にのぼるとされている。そして、国の正規軍だけでなく、ゲリラ戦やテロリズムに関与する武装勢力に少なからぬ女性が参加していることも、私たちは知っている。

男女混合の部隊が増加していくとすれば、狙う効果を同性愛行動に限らずともよい。ならば、性的行動を誘発する化学物質による攪乱兵器を開発する価値は、ライト研報告書の時点よりも上昇しているとも言える。

そしてまた、ライト研が構想したような未来の化学攻撃によらなくとも、人間には一定比率の好ましくない性的行動が常に発生している。

2005年、米国防総省は、軍内でのレイプや強制猥褻などの事件に対応し、被害者のケアなどの活動を行う性的暴行防止対策局(Sexual Assault Prevention and Response Office＝SAPRO)を設置した。こうした専門組織を設ける必要があるほど、犯罪レベルの重度な性的問題行動は、軍人はじめ被害者の人権を損ない、軍務の遂行に負の影響を与えるものだと、現代の軍には認識されているということである。

ＳＡＰＲＯが毎年刊行している「軍における性的暴行に関する国防総省年報」によれば、２０１４会計年度（２０１３年10月～２０１４年９月）に同省の窓口に寄せられた事件通報は６１３１件。被害者となった軍人数は４７６８人。軍人１０００人あたりの被害者数は陸・海・空・海兵隊トータルの平均で4.0人。

被害者が事件の公的捜査に同意しデータがはっきりしているケース（６１３１件中４０２４件）について、当事者の属性を見ると、加害者被害者ともに軍人であったもの63％、軍人が加害者で非・軍人が被害者であったもの18％、非・軍人が加害者で軍人が被害者であったもの５％、加害者の属性が不明で軍人が被害者のもの14％。またこれらの事件の種別は、米統一軍事裁判法に基づいて分類されており、レイプが24％、性的暴行24％、その他は悪質・虐待的な性的接触などである。

もしも新たな科学的発見があり、それをもとに効力が甚大で、かつ効果が一定時間続く媚薬兵器が開発され、民間人もいるような戦地に投下されたとしたら――その結果はかなり残酷なものになりうるだろう。「愛の爆弾」みたいな、うっとりした言い様とは裏腹の、人道にかかわる兵器。

あるいは、愛を収奪する兵器は、その打撃力を、そもそも生物個体としてのヒトの愛が本質的にはらむ危険性に依拠していると言うべきなのだろうか。

「愛がその飽《あ》くことなき掠奪《りゃくだつ》の手を拡《ひろ》げる烈《はげ》しさは、習慣的に、なまやさしいものとのみ愛を考え馴《な》れている人の想像し得るところではない」「通常愛といえば、すぐれて優しい女性的な感情として見られていはしないか。好んで愛を語る人は、頭の軟らかなセンティメンタリストと取られるおそれがありはしまいか。それはしかし愛の本質とは極めてかけ離れた考え方から起った危険な誤解だといわなければならぬ。愛は優しい心に宿りやすくはある。しかし愛そのものは優しいものではない。それは烈しい容赦のない力だ。それが人間の生活に赤裸のまま現れては、かえって生活の調子を崩してしまいはしないかと思われるほど容赦のない烈しい力だ」（『惜みなく愛は奪ふ』）

文脈は違うかと思うけれど、有島武郎の言うことは、軍事的にも正しいのかもしれない。ちなみに彼は、将校として軍務に就いた経験を経て、軍隊嫌いになった男である。

第3章
幻と夢

E. Medina: Cybernetic Revolutionaries, MIT Press (2011)のカバー.
電算化による国家運営を目指したアジェンデ時代チリのサイバーシン計画のオペレーション・ルーム.

［本章概要］「ねえディーマ」「なんだいヴォロージャ」「嘆いちゃだめかい」「嘆いたとたんに、それは戦闘終了だよ、ヴォロージャ」「この章に出てくる希望と幻想だけで何千億時間ものヒトの思考を吸い込んだ。そして希望も幻想も消えた」「僕らがたまたま希望と幻想を抱けるくらい賢い生き物だから、それはそういうことになりもするんだよ」「新たな世界、あるいはこの世の説明原理を求める健気な気持ちが、僕らを超越に走らせる……合理的思考をつまみ食いしてね」「でも僕らはそんな人間性をあえて愛する。ドストエフスキーだって、イスタンブルを占領して東方キリスト教世界を確固たるものにしようとかヘンなこと言ってたじゃないか」「狂気と創造性は同志ってことかい」「そうだよヴォロージャ、僕らは何も信じないモスクワを信じて生きて行かなくちゃならないんだ」

13　起てデジタルものよ──チリのサイバーシン計画

国内の左翼勢力を結集した「人民連合」に支えられて1970年の選挙に勝利し、第29代チリ大統領に就任したサルヴァドール・アジェンデは、医学博士号をもつ病理学者であり、1930年代にすでに閣僚経験があるベテラン政治家であり、社会改革への熱い思いを抱いた急進派だった。四角い顔に黒縁眼鏡の彼は、革命家というより白衣を着て聴診器片手に「どうしました?」なんて言ったら似合いそうな風貌をしていたが、マルクス主義におおいに共鳴していた。

ただし強圧的なソ連型の統治スタイルは大嫌いだった。彼はレーニンやエンゲルスの著作を愛読したが、愛したのはその理想で、理論闘争や武力闘争ではなかった。民主的手続きや言論の自由にこだわったアジェンデの政府は、秘密警察とも思想統制とも無縁だった。階級敵を打倒する人民武力も組織しなかった。チリを訪問したキューバのカストロ首相が、帰国後に「あんなんじゃダメだよ」と毒づくくらい、アジェンデは〈非定型〉なマルクス主義者だった。

アジェンデは自分たちの方針を「社会主義へのチリの道」と呼んだ。武力革命によらずに成立した社会主義・共産主義的政権に反共陣営は戸惑い、共産陣営もまたどう扱ったらいいか持て余していた。

彼の施策と手法は、あえて言えば〈強引な社会民主主義〉だったが、理想家《ヴィジョナリー》としての彼の思索と主張は、どこかマジック・リアリズム的だった。夢を追求し、夢のはらむトラブルを、さらなる夢で解決しようとした。

新政権は所得の再配分、民間企業の国有化、福祉や教育の充実などの社会主義的改革を強力に推し進め、勤労者の平均賃金は職種により最大約30％上昇し、失業率は下がり、購買意欲の増大が経済を活性化させ、政権発足初年のGDPは年率8％の成長を記録した。一方でそこには「人為的陶酔」の気味があり、支出増大と税収減は政府財政を追いつめ、貿易収支は悪化し、外貨準備高は激減し、通貨価値は下落し、インフレ激化の兆しが見えていた。新政権を嫌うアメリカは経済的締めつけを強め、産業機械や交換部品の入手が困難となって工業生産にダメージを与え、日用品の不足が起こり始めていた。

事態を打破する手だてはないか。強権によらず、民主的に。そして未来への夢と科学に裏打ちされた手法で。

未来を託すべき若者たちから画期的プログラムが提案されたとき、アジェンデはそれにゴーサインを出した。チリ全土を結ぶコンピューター・ネットワークを構築する。それにより工場や企業群の現況をリアルタイムで把握する。生産現場の労働者の意向を政権中枢にフィードバックする。サイバネティックス理論に基づいて生産と物流を最適化し、ベイズ推定を使って問題のありかを探る。国民経済を、生産性でも民主性でもベスト・パフォーマンスへともっていく。

スペイン語で「シンコ計画(Proyecto Synco)」、より人口に膾炙した英語名で「サイバーシン計画(Project Cybersyn)」という。

それは南米の中堅国チリを、一躍世界をリードするサイバー国家へと変貌させようとする野心的プロジェクトだった。

醒めよわがハッカーら暁は来ぬ

サイバーシンは、サイバネティックス（Cybernetics）とシナジー（Synergy）を合成した語である。ちなみにシンコは「情報と管理のシステム（Sistema de Información y Control）」の略で、サイバーシンがスペイン語を母語とする人々に発音しづらいので採用された呼び名だという。

種を播いたのはフェルナンド・フローレスという人物だった。鉄道技師だった父譲りの工学的センスに恵まれた彼は、チリの名門校カトリック大学で土木を学び、学生時代に英国系コンサルタント会社でアルバイトをしたのがきっかけで、当時流行のサイバネティックス理論に触れた。卒業後、母校の工学部に採用されて教務主任の仕事をしていた時、若手知識人らによる小政党「大衆統一行動運動（ＭＡＰＵ）」の創設メンバーとなった。ＭＡＰＵは人民連合に加わり、アジェンデの与党の一角を占めることになった。

温厚な丸顔でメタボ体型のフローレスは、飢えたる革命派っぽく見えなかったが、優れた実務能力と深い工学知識があり、人材登用に貪欲だった新政権はまだ28歳の彼をチリ産業開発公社（ＣＯＲＦＯ）のナンバー3である技術統括部長に抜擢した。

公社は国内産業育成のために投資や計画策定をする政府系組織として１９３０年代に設立された古い機関だったが、アジェンデ政権発足後は企業国有化の「元締め」役を担うことになった。つまりチリ経済の社会主義化の尖兵というクリティカルな課題がフローレスらの仕事だった。公社は課題をテキパキと処理した。政府による買い取り、または資本参加、加えて大恐慌時代に制定されていた法令――ストで止まった工場は政府管理下で生産再開ができる――を利用したトリッキーな手法も使い、国有化・国家管理はハイスピードで進んだ。フローレスは、産業用技術開発を主務として数年前に設立されていた国立技術研究所(INTEC)の理事長にも選ばれた。

だが機敏なフローレスは、たぶん早い時期に、起こりうるトラブルとその構造に気づいていたのだろう。経済への国家の介入とは、とどのつまり政府がビジネスを行うことである。「見えざる手」に任せず、すべてを「見そなわす」ことである。しかし実際問題として、そんなことは可能だろうか。少なくとも既存のシステムでは無理だ。

1971年7月の冬の日、フローレスはかつてアルバイトをしたコンサルタント会社の幹部だった男に手紙を書いた。国の現況を改善する知恵を、私たちは求めています、協力していただけませんか云々。

冬の南半球で投函された手紙は、真夏のロンドンに届いた。手紙を受け取ったのはスタッフォード・ビーアという男だった。やはりメタボ体型で、ひげづらで、民衆革命とは無縁の裕福な実業人であり経営理論家だったが、〈型にハマらない〉点ではチリ新政権の人々に劣らなかった。

16歳でユニバーシティ・カレッジ・ロンドンに入学し、第二次大戦中に中退して陸軍に応召し、そのまま職業軍人としてインドで勤務し、大尉として退役した彼は、1950年代初めにノーバート・ウィーナーの『サイバネティックス』を読んで魅了された。鉄鋼・石炭会社勤めを経てコンサルタント会社を興した彼は、サイバネティックス理論の経営応用の専門家として名声を築き、『ネイチャー』にも寄稿する斯界の著名人となった。大学でも教鞭を執ったが、彼を招いたマンチェスター大学はビーアが学部卒ですらないのに気づいて、慌てて修士号を授与した。

チリからの手紙は、ビーアの琴線に触れた。経営サイバネティックスを国家規模で試すまたとないチャンスではないか。同年11月、ビーアはチリを訪れ、フローレスら産業開発公社の面々と具体的なプランニングを開始した。

距離をへだてつ我らネット結びゆく

ビーアとフローレスらが目指したのは、社会経済をリアルタイムで捕捉し最適化するシステムの構築だった。各企業から経済指標を入手し、処理し、それを見て方針決定に至るまでには、現状では相当な時間のロスがある。原因のひとつはデータの取得・送達・処理にまつわる技術的な問題であり、もうひとつは人間が介在することによって起こる問題、すなわち官僚的制度が醸し出す非効率だった。結果として、政策上の意思決定がなされる頃には、実体経済の状況は変化している。何とかならんか。

ビーアは何とかする手だてを人類がすでに手にしていると考えていた。すなわち「テレコミュニケーションとコンピューター技術」。全土に散らばる工場や企業群とデータを即時的にやりとりできるネットの構築、必要とされるだけの演算パワーがあるマシン、そして適切な決定を支援するソフトウェアがあれば、すべてはうまくいくはずだ。

チリはそうしたシステムの導入にうってつけな国へと変わりつつあった。工場や企業の国有化が目覚ましい速度で進んでいた。それらに端末を置き回線をつないでも、それがオーナーすなわち政府の意向なら文句が出にくかろう。

生産単位を結ぶコンピューター・ネットワークが社会主義経済と相性がよさそうに見えることには、すでに旧ソ連の工学者たちが気づいていた。その具体化にはサイバネティックスの応用が、最も有望な方法だとも見られていた。サイバネティックスの父ノーバート・ウィーナーはじめ資本主義圏の人々も参加して、１９６０年にモスクワで開催された第１回国際オートメーション大会を取材した豪州人ジャーナリスト、ウィルフレッド・バーチェットはこのように書いている。

「機械を制御する最適の装置――それはできるだろう。工場を制御する最適の装置――それもできるだろう。だが、全工場を制御する最適の装置となれば、社会化された工業でないかぎり、事実上不可能である。全経済を制御するとなれば、もはやそれは資本主義経済でなくなってしまうだろう」

彼はモスクワ市経済会議の策定したプランについても触れている。それは大規模工場など百数十ヶ所に電算情報センターを設置するもので、「これらのセンターによってフィードバックされるデータから、すべての計画立案・管理・計算、その他経済行政のあらゆる面が、サイバネチック機械によって処理され、これが事実上中央管理部になるであろう」。

企業や官公庁や研究機関の中枢に大型の基幹マシン（メインフレーム）が鎮座するというのが、かつてのコンピューターの基本イメージだった。中央管理部にましますす全能者にお伺い（計算依頼）を立てると、託宣（計算結果）が下される。余談だがアイスランド語でコンピューターを指すテルヴァという語は、原義に照らすと「数の巫女」という意味である。

国家計画委員会《ゴスプラン》がすべてを見そなわす中央集権的なソ連型経済システムは、当時のコンピューターの利用スタイルとマッチしていた。ビーアとフローレスは、そのような〈社会主義メインフレーム体制〉がイヤだった。中央集権的ではないシステムを実現すべく頭を絞った。サイバーシン計画では、サンチャゴの政府機関に置かれるのと同じようなオペレーション室が工場など各生産単位に置かれ、中枢でも末端でも同じデータを共有することとされた。ビーアはさらに一歩踏み込んで、職場や家庭のテレビにフィードバック装置を添えるというアイデアを唱えた。勤労者・市民が自分たちの感じている快不快の度合いをスライド式の入力装置で送り返す。政府がアホなことをすれば、この快不快メーターはたちまち〈炎上〉する。

ビーアは書いている。「新しい大衆の反応システムを創出することが提案されている」「これらの圧力が政治的権力を構成し――窮極的には政府さえも転覆させうるものである」。

１９７１年11月12日、ビーアは大統領府でアジェンデと面会した。アジェンデは訊ねた。「ソ連共産党のものを使うのかね?」　ビーア応じて曰く、「あれはゴミです」。アジェンデはにっこりと微笑んだ。実際、旧ソ連のコンピューター網は中央制御というレガシーを振り切れず、また持ち前の官僚主義のおかげで省庁や機関ごとにバラバラに構築されたため、全国を有機的につなぐことができなかったと言われる。

ロンドンに戻った彼は、その後忙しくチリとイギリスを往復しながら、サイバーシン計画の実現に邁進することとなった。

聞けわれらがテレックス天地とどろきて

サイバーシンの基幹ソフトウェアは「サイバーストライド」と命名され、本体はイギリスの企業が受注し国立技術研究所はじめチリ側がカスタマイズする形をとった。ネットワークには「サイバーネット」というかっこいい名前がつけられたが、その構築にチリの関係者は四苦八苦することになった。

まず、使えるコンピューターが足りなかった。計画に参加したチリ国立電算機サービスセンター（ＥＣＯＭ）が提供できるのはIBM 360/50とBurroughs 3500がそれぞれ1台。かついずれも他の政府業務との共用だった。そもそも当時、チリ全土で公有私有を合わせてコンピューターは計50台ほどしかなかった。要するに企業や官公庁それぞれにマシンを置くのはムリで、入出力用の端末を置いて電算機サービスセンターにつなぐという手を採らざるを得なかった。

その端末も新たに調達する資金的余裕がなかったのだが、窮すれば通ずというやつで、産業開発公社に出向していた陸軍少佐が、チリ電電公社の倉庫にテレックスが約４００台デッドストックとして眠っていることをサイバーシン・チームに教えてくれた。テレックスを知っているのはもう中高年世代だろうが、送信側端末でタイプした電文を符号化し、回線で送り、受信側で紙にタイプする装置である。実用化されたのは１９３０年代で、乱暴にたとえて言うなら〈電気メール〉のやりとりシステムと言えばよかろうか。ついでに言えば、受信時のタイピングの音は、機種にもよるだろうが結構やかましいものである。

テレックス回線には電話線網が使えたが、専用線があればもっとよい。チリは、南北に細長い国土を結ぶためにマイクロ波回線(もともと人工衛星の追跡局を結ぶために作られたものだった)が最北端のアリカからサンチャゴを経て中南部のプエルトモントまで通じていた。さらに最南端のプンタアレナスまでは在来型の無線回線が機能していた。これがサイバーネットの基幹的〈情報ハイウェイ〉とされた。また、テレックスの入力信号を直接コンピューターに読ませるシステムの開発も始められた。

とにもかくにもサイバーシン計画は本格的にスタートし、産業開発公社を中心に関係機関が知恵と機材を出し合いながら前進していった。サイバーネットは、1972年3月に稼動開始した。ネットにつながれた企業や官公庁は、だんだんと増えていった。6月までに中央銀行を含む経済関係の省庁・機関と、49の工場がネットにつながれた。「社会部門の60%を接続する」のが、当面の目標だった。

チリを代表するフォーク歌手のひとりアンヘル・パラはビーアと知り合い、サイバーシン計画のことを聞いて「コンピューターとまさに生まれくる赤ん坊に捧げる歌」という歌を作った。「科学がもたらす価値を追い求めよう」とパラは歌った。「平和や平等を望まぬやつを立ち止まらせなくちゃならない／この戦いに勝つためにすべての科学を結集しなくちゃならない／僕らの根気が尽きぬまに」。

チリ社会主義の悪戦苦闘は続いていた。72年8月には首都で反政府デモが起こり負傷者も出る事態となった。10月にはトラック・オーナーたちのギルド(現地語でグレミオ)が大規模なストライキを打った。彼らは事業者・小資本家として、国有化政策で自分たちの権利が侵害されるのではないかと戦々兢々としていた。ストライキには商店主、私営バスも加わり、さらに医師や法律家など専門職の組合や、野党も賛同の意を表明した。

政権にとってのこの正念場に、フローレスは「サイバーシンを使え」とアジェンデに進言した。問題は物流の確保と日用品の生産を維持することだ。それに必要なのは、各地で使える輸送手段と、物資の流れを把握することだ。そのために使える情報インフラが、すでにある。サイバーネットである。

産業開発公社のテレックス・センターが司令塔となった。ネットにつながれたテレックスは、全国から刻一刻と送られてくる報告をやかましいタイプ音とともに吐き出し、政府側が使えるトラックや、国営工場で不足している物資の種類や、またどこかに余剰があればその情報を伝えてきた。情報に基づいてトラックの差配や、物資の運搬が最適化され、国民生活はかろうじて維持され続けた。結局、ストライキは収束した。政権は何とか事態を乗り切った。

今ぞ高く掲げん我がインターフェース

この〈成功〉に感銘を受けたアジェンデは、11月の内閣改造で、まだ29歳のフローレスを経済相に任命した。アジェンデ自身、まだ30歳の時に保健相を務めた経験があるので、若者を閣僚にすることに抵抗感はさほど無かったろう。

ただこれは、サイバーシンの行方に微妙な影を落とした。フローレスは産業開発公社時代のようには計画に携われなくなり、また活躍したのが物理的情報網だったため、新たにテレックス500台分の予算がつく反面、コンピューターとサイバネティックスは何となくかすんでしまった。

ビーアは精力的に仕事を続けていた。力を入れたもののひとつは、サイバーシンのオペレーション室の設計と、情報のビジュアル化の工夫だった。この仕事にはドイツ人工業デザイナー、ギー・ボンシーペとチリ国立技術研究所のデザイン部門のスタッフが参加した。ボンシーペは南米を舞台に仕事を始めて間もなかった。彼は、画面に呈示されるボックスの大きさや曲線の曲率、色彩配置などによって、定量的データの意味を直観的に理解できるよう狙った。それはデータを見る者の負担を軽減すべく設計されていた。ボンシーペは後に、ソフトウェアのインターフェース・デザインなどの分野でも活躍する。

オペレーション室は当時のSF映画に出てきそうなイメージを詰め込んだものだった。部屋は六角形で、各壁面に情報が投影されるスクリーンがある。スクリーンには産業別・工場別の現況などお望みのデータが表示される。部屋の中央には白い樹脂製でオレンジ色のクッションがついた未来派的な椅子が数脚。人々はそこに車座になって陣取る。そして椅子の肘掛けにつけられたボタン式の操作卓で、スクリーンにデータを呼び出す。複雑な操作はいらない。室内は完全ペーパーレスを目指していた。このオペレーション室は、当座は首都だけに置かれるが、ゆくゆくは各所の労働委員会にも設けられることになっていた。

モデルルームは当初、サンチャゴ市内のビルの自動車展示場だった広い部屋に作られたが、大家から追い出しを食らったので、別の建物に移ることになった。それはリーダーズ・ダイジェスト社が入っていたビルの地下室だった。

１９７２年12月30日、フローレスはできあがったモデルルームにアジェンデと陸軍総司令官で内務相を務めていたカルロス・プラッツ将軍を招いて、内輪のお披露目会をした。サンチャゴは真夏で、室内は蒸し暑く、しかも椅子に腰かけたアジェンデが操作卓で呼び出したデータとは違う画面がスクリーンに出てしまった。アジェンデは、頑張って仕事を続けて下さいとか何とか言って部屋を後にした。

サイバーシンの正式な一般向け紹介は、73年2月にチリとイギリスで行われる予定になっていた。だがその前の1月初めに、英紙オブザーバーが「コンピューターで運営されるチリ」という見出しで計画の概要を報道し、サイバーシンは広く知られることになった。注目を集めたのはいいが、大向こうの評判は決して好意的なものばかりではなかった。むしろ、中央のコンピューターが人々を支配するという『１９８４』的なイメージで語る声が多かった。

英誌『ニュー・サイエンティスト』は同年2月15日号でサイバーシン計画を紹介した。執筆したのは高エネルギー物理学から技術社会学に転じ、当時同誌の編集者をしていたジョセフ・ハンロンだった。技術面の紹介は中立的だったが、同時に書かれた論説記事で彼は辛辣だった。サイバーシンが民衆の自由の増大に寄与するとされているが、一方で権力者のパワーを増大させるだけに終わる危険もあるのではないか。すなわち、「これが成功したら、ビーアは歴史上最も強力な兵器を創造したことになるだろう」。

折悪しく、フローレスは経済相として小麦粉や砂糖など主要消費物資の流通を政府が管理する方針を発表した。店頭の品不足に対処する姿勢を示すのが目的だったが、配給制への移行を心配した市民は買い溜めに走った。何より、アジェンデ政権にまがりなりにも忠誠を保っていた軍が、堪忍袋の緒が切れたとばかりに公然とこの政策への反対を表明し、閣内にいた軍人のひとりが抗議の辞任をする状況となった。

反政府メディアは、国による流通管理とフローレスが取り組んでいたサイバーシンを結びつけ、もろともに批判対象とした。サイバーシンの宣伝より実務に専心していたことが裏目に出た。ビーアはオペレーション室をテレビで国民に見せたらどうかと提案したが、チリ側スタッフたちは破壊活動の対象になるのを懸念して実現しなかった。

3月、チリ総選挙があった。インフレと物資不足という逆境にめげず人民連合は支持を伸ばし、前回選挙で36%だった議席数を44%とした。政権側にとっても反政権側にとっても、これは予想外の結果だった。反アジェンデ陣営の落胆は、政府批判を激化させた。財務相に横滑りしていたフローレスは胃が痛くなるような日々を送り、結局胃ではなく肝臓を悪くして、病院でしばらく過ごすハメになった。

ああサイバーナショナル、だれのもの

フローレスがいなくなった産業開発公社の内部では、疑念を抱く幹部の声が出始めた。サイバーシン・チームのスタッフ間でも、世間に向けてその科学的価値をもっと強調すべきだと唱える人もいれば、端末をもっと多くの企業に導入してもらうのが最優先だと主張する人もいた。各工場での

データ収集とテレックス入力は、結局のところ人間がやらなくてはならなかった。各企業には、いちいちそんなことにマンパワーを取られるのを快く思わない人々がいた。

反対派からボロカスに言われ、国有企業のマネージャーたちから嫌われたサイバーシンを、政府も疎ましく感じ始めた。5月までにサイバーネットに接続していた国有企業は、全体の27%にとどまっていた。混乱の中で、耳障りな受信音ばかりが大きくなっていった。

同月、チリ最大の銅鉱山でストライキがあり、ほぼ同時に極右武装勢力が決起してサンチャゴに戒厳令が敷かれた。6月には軍の一部が戦車とともに大統領府を襲う事件が起こった。軍幹部はまだアジェンデを完全には見限っておらず、この反乱はただちに鎮圧された。しかし8月にはグレミオによる再度のトラック・ストが発生した。サイバーネットはこの時も大活躍し、食糧の50〜70%、燃料の90%、工場の原料の95%の供給を維持することに成功した。

それがサイバーシンの最後の〈花道〉だった。アジェンデはフローレスを内外連絡担当の国務長官に任命しなおすとともに、9月8日、サイバーシンのオペレーション室を大統領府に移すよう指示を出した。

3日後の9月11日、サンチャゴに血の雨が降った。ピノチェト将軍が指揮する反乱部隊が決起し、首都を制圧した。大統領府に立て籠もったアジェンデは、政権側放送局から最後のラジオ演説を行った。

「皆さんに告げる。何十万ものチリ人の分別ある心のうちに私たちが播いた種は、決して枯れさせられることはないだろう」

放送後、大統領府は爆撃され、反乱軍との交渉の任務を授かったフローレスは、外に出てその場で逮捕された。アジェンデは大統領府で自ら銃を取り、午後2時ころに自決した。

クーデター政権にはサイバーシンを再利用する気持ちはさらさらなかった。オペレーション室は破壊され、サイバーネットも停止し、計画に携わった人々は次々と政治犯収容所に送られた。

チリを離れていいたビーアは、この災厄に巻き込まれずに済んだ。手塩にかけたサイバーシン計画が枯れ果てていくのを、ロンドンで見守るしかなかった。チリ社会主義政権の人々と関わる間に、彼はその理念に深いシンパシーを感じるようになっていた。サイバーシンが消えた後、彼はウェールズの田舎のボロ家に引っ込み、ヨガに打ち込んだ。彼はチリに来た時は実業家で、去る時にはヒッピーになっていた、とある人が述懐している。

ビーアは逮捕されたかつての仲間たちの救援に尽力した。人権団体の活動もあり、フローレスは1976年に解放されアメリカに渡った。革命から足を洗った彼は、スタンフォード大学を経てカリフォルニア大学バークレー校で学究生活に入った。コンピューター科学だけでなく、認知科学、言語学、ハイデッガーの実存哲学を学んだ彼は、博士号をとって学術的著作をものする一方、80年代のシリコン・バレーで起業家としての道を踏み出した。

フローレスの立ち上げたコンサルタント会社は大成功し、彼は一躍富豪となった。ビーアの死んだ2002年、フローレスは祖国に戻り、上院議員に選出された。彼は2010年から14年まで大統領を務めたセバスティアン・ピニェラを支持し、現在の政治的スタンスは中道右派だといわれる。

科学技術がたとえ価値自由であったとしても、そこにかかわる人間は、価値の中に生きている。

14　黙って座ればピタリとスパイ？——諜報力と超能力

１９４７年11月6日、組織としての正式な設立を間近に控えた米中央情報局（ＣＩＡ）の長官ロスコー・ヒレンケッター海軍少将は、民間の大学研究者から寄せられた協力の申し出に、慇懃な断りの手紙を書いた。宛先はジョセフ・バンクス・ライン。１９２０年代からデューク大学で超心理学の研究に取り組む斯界の第一人者である。手紙はこのようなものだった。

「貴殿の超心理学プログラムが当機関で役立つ可能性（the possibility of your parapsychology program being of use in this agency）に関する、11月1日付の貴殿のお便りをありがたく存じます。現在のところ、少なくとも小官は当方の業務にそのようなプログラムを利用しうる可能性を見出しておりません。お示しいただいた現在の発展段階にあっては、なおのことであります。この問題について小官の関心を喚起してくださったこと、また当機関に深い関心をお寄せいただいたことに感謝いたします。敬具」

要するに、ラインは自分が取り組んでいるヒトの超感覚的知覚（extrasensory perception＝ＥＳＰ）、すなわち隠されている物や遠くの場所を視力によらずに見通すなどの「超能力」の研究が、米国の諜報活動に貢献しうるのではないかと売り込んで、あっさり門前払いを食らったのである。ヒレンケッターは退官後、海軍兵学校時代の同級生に誘われてＵＦＯ研究団体の理事を務めた〈心の広い〉男だったが、現役武官としての彼には、海の物とも山の物ともつかない超常計画に生まれたてのＣ

ＩＡを巻き込む度胸はなかった。

ただ、この手紙からは、いわゆる超能力の諜報面での利用というアイデアが、かなり早期から真面目に存在していたことがわかる。そして、常識的にありえそうになくとも、可能性が皆無とも速断できないものに、とりあえず唾をつけておくのが海千山千の軍や情報機関のあり方である。

超心理学の分野は、やがて諜報関係者や軍人のよだれにベタベタとまみれることになった。

超能力でここ掘れワンワン

１９５２年、ラインの研究プログラムに対してついに国から研究資金が出た。ただし、発注元はＣＩＡではなく陸軍だった。

第二次大戦中、ドイツ軍が金属をほとんど使わない地雷を北アフリカ戦線にばらまき、金属探知機による地雷探しの信頼性が問題になったとき、イギリスの科学者はイヌに探させたらどうかと考えた。だってイヌは、なんかしらんけど埋められた骨とか見つけ出してくるじゃないか。この英国の地雷探知犬研究は戦争が終わっても続き、関心を抱いた米陸軍も１９５１年末、自前の研究に乗り出すことに決めた。

担当したのはヴァージニア州フォート・ベルヴォア基地の陸軍技術者調査開発研究所（ＥＲＤＬ）だった。同研究所は外部の科学者チームに実験を委嘱した。使えそうな人物として白羽の矢が立ったのが、ジョセフ・バンクス・ラインだった。ラインは動物のＥＳＰについても取り組んでいた。

もしも彼の考えるとおり、イヌに超能力があるならば、見つけにくい地雷を探し出してくれるんじゃないか。

デューク大学とスタンフォード研究所（SRI）とイヌからなる「超能力犬」チームは、熱心に実験に取り組んだ。実験場はカリフォルニア州の海岸。砂浜に溝を掘り、埋設候補地５ヶ所のどれかに模擬地雷を埋める。砂を被せて丁寧にならし、さらに潮が満ちるのを待つ。見た目でも、またニオイでも、手がかりはさっぱりなくなった。さあ行け、ワンワン部隊！

結果は微妙だった。実験開始直後の試行では、イヌは目覚ましい能力を発揮して、ラインによれば期待値の２倍弱の割合で模擬地雷の場所を正しく示した。ところが試行を重ねるうちにイヌはめきめき成績を落とし、しまいに当てずっぽうと変わらなくなった。ラインは、こうした成績低下はESP実験ではよく見られることで、むしろこの現象はイヌにESP能力があることを示唆しているのである、さらなる精査の必要がある、と意気軒昂だったが、１９５３年の研究補助金の更新申請はあっさり蹴られてしまった。陸軍の関心はガクモンではなく、戦場で自分たちが吹き飛ばされないことだった。

せっかく砂浜でイヌを引っ張り回して頑張ったのに（そんな彼の姿が写真に残っている）。落胆したラインは１９５７年、米超心理学会誌に「なぜ国防は超心理学を看過するのか（Why National Defense Overlooks Parapsychology）」と題する〈憂国〉論文を書いて憂さを晴らした。

ただ、短期間とはいえ軍の公的な支援を受けたのは、彼には名誉だったようである。超心理学には、文化人類学者のマーガレット・ミードをはじめ有力な支援者がいたが、学術界の〈鬼っ子〉の地位をなかなか抜け出せずにいた。地雷犬研究は秘密指定がなされており、論文として公表できたのは指定解除後の1971年だったが、ラインらがその数年後に著した超心理学の概説書では、「デューク大学超心理学研究室が実施した国防関連研究は秘密指定解除後に公刊され、かくしてアメリカ合衆国政府がこの分野の研究を1951年に支援していたことが明らかにされたのである」と、ちょっと誇らしげに書いてある。

ノーチラスに励まされたソ連超心理学

一方、超心理学をめぐる当時のソ連の状況は、米国よりももっと悪かった。帝政時代末期から1930年代後半にかけて、超心理学的現象を研究するグループがレニングラード大学などを中心に複数存在していたが、第二次大戦前夜から事実上の窒息状態に陥っていた。超能力にまとわりつくオカルティズムの芳香は、教条的なスターリン体制にも正統的な科学者たちにも嫌われていた。輝ける社会主義建設に邁進するのがタテマエの国にとって、霊的なニュアンスを引きずる現象は反社会主義的な迷信であり、「あんたなんかいらない子」であった。研究者は逼塞して、もっと穏当な別の仕事をしていた。

状況を一変させたのは、米海軍の攻撃型原子力潜水艦ノーチラスだった。

1954年に就役した史上初の原潜ノーチラスは、在来型の潜水艦よりも長時間潜ることができ、1958年には潜航しながら北極点に到達する実績も残している。とは言え……潜ったままだと電波は届きにくい。水は電波を通しにくい。「いざ鎌倉！」のときに通信困難では困るんじゃないか。

そんな技術的話題を背景に、1959年から翌年にかけて、雑誌『科学と生活（Science et Vie）』

などフランスのメディアに、こんな記事が出た。曰く、北極海を潜航中のノーチラスと米本土との間で電波によらないコミュニケーション、すなわちテレパシーの実験が行われた。実験には大手企業ウェスティングハウスの研究センターが関わり、ラインが開発したＥＳＰ実験用の記号カード（描かれている印を被験者が超感覚で当てる）が使われ、70％が当たりという結果を残した、云々。

ノーチラスのテレパシー実験の話は世界中に広まり、科学と超常の境界線をさまようロマンを人々の心にかきたてた。原子力潜水艦という最新鋭の舞台装置は、心霊現象から「虫の知らせ」といった土俗的な古色を剝ぎ取って、それをアトミック・エイジのリアリティの中に叩き込んだ。当時、国連常任理事国は核実験をぼかすか繰り返していた。

超心理学に関心を抱くソ連の研究者たちは泡を食った。と言うより、実質的には、たぶん驚喜した。１９５３年にスターリンが死に、後を継いだフルシチョフ政権下で採られた文化面での緩和政策の中で、重しが取れたソ連超心理学はようやく研究を再開する自由を得つつあった。１９５０年代半ば以降、研究プログラムがいくつか試みられ、超心理学的現象を話題に加えた本もおずおずと出版されていた。ノーチラスはその鼻先に、どんぴしゃりと浮上したのである。

アメリカ人もそんなことをやってるんだ、ぜひともウチだってやんなきゃダメだ。彼らは口々にノーチラス実験について語り、あるいはダシにして、自分たちの研究に〈外圧〉によるお墨つきを与えるべく奔走し始めた。

１９６３年にはレニングラード大学が超心理学現象を扱う研究室の設置を認可し（国からの最初の予算が出たのは１９６０年で研究室設置は１９６２年だともいう）、モスクワなど他都市のほか、チェコスロバキアはじめ東欧諸国でも超心理学研究のユニットが続々と立ち上がった。モスクワ―セバストポリ間の遠距離テレパシーの試みや、脳に電極を埋め込んだウサギを潜水艦の中と陸上に置いて両者の脳活動に相関が起こるかを見る実験などが行われた。念力で物を動かしたり、目隠ししたまま指先でなぞったものの色を見るという超能力者が研究対象になり、記録映画も制作された。

「超心理学（парапсихология）」は、より思想上の文句がつかなさそうな「サイコトロニクス」といった工学的な用語でも呼ばれた。ソ連の超心理学者たちの研究の主眼目のひとつは、そうした現象を唯物論的、つまり物理学的に解明できないかという点にあった。当時の研究をリードしたレニングラード大学のレオニード・ヴァシリエフは、「テレパシー通信を基礎づけるエネルギーが発見されたら、原子力エネルギーの発見に匹敵するだろう」と大見得を切った。

ソ連共産党も無視できなくなった。党中央委員会書記ピョートル・デミチェフ（後に政治局員候補）の指示で、超能力現象を調査する委員会が組織された。実績のある正統派心理学者がメンバーに選ばれ、ソ連科学アカデミーと連携しながら、この分野の評価に乗り出した。

ちなみに、1977年版の『超心理学ハンドブック』で、ラインの右腕だった米ヴァージニア大学の研究者J・G・プラットは、ノーチラス実験をはっきり「ホラ話（hoax）」と書いている。実験が行われたとされる1959年6月下旬には、ノーチラスはニューハンプシャー州ポーツマスのドックで修理の真っ最中だった。そもそも70％という数字は、統制された超心理学実験としては破格の好成績だった。

この話の発信源は、フランスの作家ジャック・ベルジェと目されている。ロシア生まれの元化学技師で、戦時中レジスタンスとして活動し、戦後は諜報関係の仕事をしたという彼は、そのため軍事情報に通じているとの評判があった。だが、作家としてはオカルト・超常物を何より の得意としていた。この話がベルジェの創作なら、ソ連超心理学はありがたく一杯食わせてもらったことになる。

サイコな〈軍拡〉競争

西側と東側の超心理学者の交流も始まった。両陣営で肩身の狭い思いをしていた人々の同志的連帯だったかもしれないが、活発な情報交換が行われ、東の学者はノーチラスの名前を護符の経文のように口にしながら、西の学者に自分たちの研究を語った。学術的文献はさほど活発には出てこなかったものの、ソ連のメディアでは超心理学の記事がおおっぴらに書かれるようになった。それらの記事は、懐疑的な科学者の意見と抱き合わせたものが多かったが、ソ連東欧圏で野心的な研究がブームになりつつあるのは明らかだった。

今度は米国人が敏感に反応する番だった——赤い国々で、何かよからぬことが。

1970年、2人の女性作家による『鉄のカーテンの向こうの超発見(Psychic Discoveries Behind the Iron Curtain)』と題する本が刊行されて話題のロングセラーとなった。ソ連で敢行したトツゲキ取材を基にして、東側の超常現象研究を紹介した作品である。同書には、「ピラミッド・パワー」のようなオカルト的な話題もどしどし盛り込まれており、まじめな超心理学者たちからの受けは芳しくなかったが、ベトナム戦争にうんざりしたフラワーチルドレンでイージーライダーで文明も科学も大転回する「水瓶座の時代《アクエリアス》」に期待する米国のナウでヤングなベビーブーマー世代によく読まれた。余談だが、ピラミッド型の構造が未知のエネルギーを生み出すという「ピラミッド・パワー」なる言葉は、同書が初めて使ったものである。

春分点が水瓶座に移り新時代《ニュー・エイジ》がやってくる、という〈世直り〉思想とは相性がたぶんよくなさそうなCIAや軍も、座視できなくなった。スパイや軍人は、とどのつまり公務員か〈みなし公務員〉である。有能な公務員の理念型を「ビッグ・ブラザー」だとすれば、システムに影響がありそうなものはすべて見そなわし、判断を下すのを旨とすべし。奨励するか、抑制するか、無視するか。

ソ連共産党の後を追いかけるように、CIAをはじめとする米国の軍事・情報機関は調査に乗り出した。2つの超大国が公金を費やし、ともに仲良く不思議現象を追い求めるカルトな事態が生じた。

1972年2月、CIAはソ連の超心理学者が作った東側の超能力関連の文献リストを英訳し、6月にはソ連とチェコスロバキアの超心理学研究についてのレポートを作成して、それぞれ自分たちの秘密ファイルにしまい込んだ。同年7月には、陸軍軍医総監医療情報部がソ連の攻撃型心理兵器の可能性についての報告書を作成し、国防総省の諜報部門である国防情報局（DIA）がやはりそれを自分たちの秘密文書箱の中に収めた。

後者の報告書の少なからぬ分量が、超心理学研究の動向に割かれていた。報告書を作成した将校は、その「軍事的意味合い（military implications）」についての警告を怠らなかった。「超常研究のより不吉な様相が、ソ連で表面化しつつあるように見える。さもなくばソ連の研究者たちが、こんな発言をするだろうか。「ヒトの超能力的な潜在能力は、善のために使われねばならないとアメリカに伝えてください」」。

ただし、引用されたこのソ連人の言葉は、『鉄のカーテンの向こうの超発見』から採られたものだった。超心理学研究にソ連軍部および国家保安委員会(KGB)が関わっているかについて、軍医総監医療情報部の秘密報告書は、「そうとも言われている」程度の確度でしか語れなかった。CIAも、1961年にESPについて外部の研究者に報告書を出してもらったのを最後に、その分野の調査をしばらくやっていなかった(この報告書は、当時のCIA技術サービス課長が関心を抱いたのがきっかけで作成されたもので、執筆したのは後にマリファナ規制緩和の論陣を張って知られることになる超心理学者スティーヴン・エイブラムスだった)。要するに、手元の判断材料は乏しかった。

この分野が軍事的な利用可能性を持ちうるかを見きわめるには、超心理学の現状に目を向け直す必要がある。東側の情報調査と並行して、CIAは国内の研究者にコンタクトを取ることにした。

1972年4月、CIA科学課報課の要員が、密やかな使命を帯びて出発した。行き先は、カリフォルニア州メンローパーク、そこのスタンフォード研究所(SRI)。

カリフォルニア・ドリーミング

ラインのイヌ実験にも関わったSRIは、官公庁や民間からの受託研究を行う大手研究機関である。発注元は軍からディズニー兄弟(新しい遊園地=ディズニーランドの建設計画についての調査を依頼した)まで幅広い。もともとはスタンフォード大学の付属組織だったが、1970年に大学から離れて独立法人となった。現在の名称はＳＲＩインターナショナル。日本にも支社がある。

研究者が予算さえとってくるなら、研究テーマにさほど口うるさくない自由でおっかない科学者の楽天地ＳＲＩでは、超心理学もＯＫだった。ＣＩＡのスタッフが訪れたのは、立ち上がって間もないＥＳＰ実験の研究ユニットだった。

主任研究者のハロルド・プットホフは、もともとレーザー工学・物理学の専門家で、博士号を取ったスタンフォード大学からＳＲＩに移ったのは、その分野の実績を買われてのことだった。だが折からの不景気で、研究費がなかなか得られず、彼は意を決してもっと冒険的な課題に取り組むことにした。

未解明な現象は、物理学の好餌である。そこにはあらたな発見が潜む。未解明であやふやで、しかし人間世界に多大な影響を及ぼしてきた〈スピリチュアル〉な現象に、プットホフはかねてから興味を抱いていた。そうした超心理学的現象を、現代物理学に基づく仮説、たとえば光速を超えて移動する粒子の存在などに基づいて説明できる可能性はないだろうか。その取り組み姿勢は、ソ連側の人々とよく似ていたが、アメリカは資本主義国なので、キックスタートの研究資金はフライドチキンから捻出された。大手チェーン「チャーチズ・チキン」（テキサスで創業して現在はジョージア州に本部がある全米第4位チェーン）のオーナーが、ポンと1万ドルを出してくれたのである。

彼のチームに加わった物理学者ラッセル・タークは、やはりレーザーが専門で、ついでに親の代から〈スピリチュアル〉な世界に関心をもつ男だった。２人は格好のコンビとなった。さらについでに、プットホフはスタンフォード大にくる以前、国家安全保障局（ＮＳＡ）で数年間働いた経験があった。ＣＩＡから見ても、彼らは秘密をともにするのに格好なチームだった。当初は情報交換のかたちで始まったＳＲＩチームとの関係に、ＣＩＡはだんだんと深入りするようになった。同年初夏から、ＥＳＰの存在を確認する実験をプットホフらが本格的に始めると、まずは１０００ドル単位でちびちびと、そして同年秋にはどかんと5万ドルの支出が決定された。

超能力があると言われる人々が集められた。ニューヨークの芸術家や、地元の実業家、などなど。中には「超能力者」として一世を風靡したユリ・ゲラーや、『かもめのジョナサン』で知られる作家リチャード・バックらもいた。彼ら被験者の協力のもと、プットホフらは遠隔地の様子のＥＳＰによる知覚、すなわち「リモート・ヴューイング（遠隔透視）」の存在にポジティブな結果を出し、それは１９７４年に英誌『ネイチャー』に、編集部が同時掲載した及び腰なコメントとともにではあったが、論文として発表された。

西海岸にあるＳＲＩにいる被験者が、東海岸の目標を透視する実験も行われた。大陸の東西で実験データをやりとりするのには、稼動し始めて間もない最新鋭のコンピューター通信網が使われた。米国の大学、研究所、企業などを結んだＡＲＰＡネットである。その主要なプログラムの作成はＳＲＩが請け負っていた。なのでＳＲＩは、ＡＲＰＡネットに最初につながった研究機関のひとつで、それを使いやすい環境にあった。ＡＲＰＡネットはその後、インターネットになった。ネットはその揺籃期から、今と同様サブカルチャー（当時の言葉を使うならカウンター・カルチャー）のデータを伝送していた訳である。科学界の、だが。

なおＡＲＰＡ、すなわち国防総省高等研究計画局（後のＤＡＲＰＡ＝国防高等研究計画局）も、プットトホフらの研究を知って、調査のために係官を送り込んでいる。ただし、同行した心理学者が超能力に懐疑的だったので、それ以上の話にはならなかった。

カザフスタンにさまよう魂

1973年4月、CIA技術サービス課と研究開発課は中間レビューを行い、CIAナンバー3のポストである統括監(Executive Director)を務めていたウィリアム・コルビーは、超能力研究に理解を示して支出継続にゴーサインを出した。

ただコルビーは、あまり手を広げないでくれと担当官にクギを刺した。それに先立つ1973年3月、米『タイム』誌が「魔術師とシンクタンク(The Magician and the Think Tank)」と題してSRIで超能力研究が行われていることを報じていた。当時はウォーターゲート事件の真っ最中で、政府機関の過去の「汚れ仕事」に対する世論や議会からの批判が高まっていた。超能力研究への関与がおおっぴらになって、各方面から袋だたきにされては困る。

ちなみにコルビーは、CIAの前身である米軍戦略情報局(OSS)時代から諜報工作に携わってきた生え抜きのスパイで、欧州やベトナムで身分を偽装して活動してきた現場派の男だった。彼は自分の仕事に誇りをもち、CIAを愛していた。1973年9月に長官に抜擢されると、CIAを国民からも愛されるようにしたいと考えた。同年11月、「安全保障週間(Security Week)」の記念行事としてNSAの講堂で講演したコルビーは、秘密保全はアメリカ建国時から重要なものだったと語りつつ、しかし憲法に定められた言論の自由がこの国の基《もとい》であることを噛みしめよう、と呼び掛けた。

「時には、秘密を保全することよりも、それを国民に知らせることの方が重要な場合もある」「これが、アメリカの民主主義の命の一部である。かつ、我々が受け入れねばならぬルールの一部だと、私は考える」「我々の社会では物事はオープンでなくてはならない、それが前提だ」

まるで秘密保護法反対のアジ演説みたいである。あるいは、そんなコルビーの〈皆様のＣＩＡ〉路線が、切った張ったのえげつない秘密工作よりも無害に見える超能力スパイ計画を後押ししたのかもしれない。１９７４年夏、ＣＩＡは結局ちょっぴり手を広げることにして、ＳＲＩの研究チームとともに、本来の任務である敵国の実際の目標に対する遠隔透視実験に乗り出した。

ターゲットはカザフ共和国、セミパラチンスク核実験場近くにある謎の施設。「未確認研究開発施設3号(Unidentified Research and Development Facility-3)」、略してＵＲＤＦ-3と呼ばれるその施設は、偵察衛星によってその存在は知られていたが、何のためのものか皆目つかめていなかった。地下核実験のためのものだろう、いや新たな粒子ビーム兵器の研究施設ではないか、云々。

その頃までには、ＳＲＩの超能力研究も、諜報機関との交流のために微妙な変化を遂げていた。それまでのＳＲＩの実験は、実験者が目標地に行き、離れたところ(ＳＲＩの研究室)にいる被験者がその実験者のいる場所の様子を透視する、という手法で行われていた。でも、そんなやり方ではスパイ活動には使えない。エージェントが行けない場所を見られなければ意味がない。

被験者(つまり超能力の持ち主とされる人々)のひとりの提案で、緯度経度座標の数値だけから、現地の様子を透視する手法が試されていた。座標(coordinate)によってスキャンする、ということからこのプロジェクトは「スキャネート」と呼ばれた。現在で言えば、住所を入力するとその地の風景が見えるグーグル・ストリートビューみたいな話である。

しかし、ＵＲＤＦ-3の座標を示された被験者の透視の結果と、衛星写真とを照合すると、見事に当たっているように見えるものもあったが、ハズレもまた多かった。第三者評価のためロスアラモス研究所の核科学者が狩り出された。ＵＲＤＦ-3が、核関連施設と推定されていたためである。

１９７５年12月にまとめられた評価報告書は、そっけなかった。曰く、「提示されたデータの慎重な分析の結果、私はＵＲＤＦ-3を遠隔透視する実験は不成功だったと結論する」。ＣＩＡ側の担当責任者も、後に書いたレポートの中で、超能力者によるデータは「総じて間違いであったか、評価できないものであった」と記した。要するに、実用的なスパイ大作戦には使えない。

その後もしばらく、中国の在外公館の内部やリビア国内の軍事施設の透視が実施されたが、１９７６年にＣＩＡからの予算は打ち切りとなった。

なおセミパラチンスクの謎の施設の正体は、宇宙用の原子力推進エンジンの研究施設だったとソ連崩壊後に伝えられている。

ソ連、超心理学戦線から脱落す

ＣＩＡが遠隔透視に真面目に取り組み、自由主義圏諸国で「スプーン曲げ」がブームとなり、日本人も「ユリ・ゲラーにたまげらー」などと超能力話をのんきに驚いたり楽しんだりクサしていたりしていた頃、ソ連の超心理学者たちの尻には火が着いていた。

早くも1968年、東西超心理学者の学術交流に努めていたJ・G・プラットは、以前よりソ連側研究者の口が重くなり、文化交流の受け入れ機関の対応が素っ気なくなったのに気がついていた。やがてソ連紙プラウダに超心理学批判の記事が出た。米国人の書いた『鉄のカーテンの向こうの超発見』は、反ソ的であるとして非難の対象になった。「プラハの春」を粉砕したブレジネフの停滞の時代が始まっていた。超心理学にも逆風が吹き始め、その風速はじわじわと増していった。

1973年、デミチェフの指示による委員会の調査結果が、『哲学の諸問題（Вопросы философии）』誌に発表された。「超心理学：フィクションかリアリティか？（Парапсихология: фикция или реальность?）」と題されたその論文には、アレクサンドル・ルリヤ、アレクセイ・レオンチェフといったソ連心理学界の大御所が名を連ねていた。

この報告論文は、いわゆる超心理学的現象の存在そのものは「ある」とした。だが力点は、既存の研究のずさんさと取り組んでいる研究者たちへの非難に置かれていた。もっとしっかりした手続きで、しかるべき研究者がことに当たるべきだ。それは励ましの叱咤では決してなかった。きちんとした研究ができるのは、きちんとした科学者だけである。報告のもとになった調査を中心になって担当したモスクワ大学教授の産業心理学者ウラディーミル・ジンチェンコは、後にこんな風に述べている。そのような現象はある。だがそのコミュニケーション回路や効果は未知だ。ではどうするか。「アマチュア・ファンなら調べることができるさ！（Любители могут искать!）」正統的な研究者たちのイデオロギーが、ここには集約されている——私たちは手を出せませんよ、そんなものに。『哲学の諸問題』誌の報告は、その実質的に否定的なトーンとともに、権威ある『ソビエト大百科事典』での超心理学についての記述のベースとなり、同国におけるこの分野についての公式見解となった。

斯界の著名学者が名を連ねたのは、それが当局の公式見解であると強調する意味合いもあったらしい。ジンチェンコはいささか苦笑いするようにつけ加えている。「デミチェフは報告を読んで、困ったように訊ねたんだ。「ジンチェンコって、誰だ？」　そこで、ソビエトで最も高名な心理学者たちが名を連ねることになったのさ」。

アメリカ人が勝手にソ連領内を超能力で覗き見しようとしていた１９７４年には、西側と派手な交流を続けていた超心理学研究者が逮捕される事件も起きた。そうしたおつき合いを、ＫＧＢから繰り返し「やめてくれ」と言われていたのに無視したため、という話がある。彼は有罪となり労働キャンプに送られた。

この頃を分水嶺にして、60年代からのソ連東欧圏の超心理学ブームは、事実上一段落していく。と言うより、東側の超心理学は、正統派の科学者や党官僚たちの疑念の眼差しを、冷戦という世界構造を背景にして一時期生き生きと乗り越えることができた、と言う方が正しいのかもしれない。

不屈のアメリカ軍も撤退へ

ＣＩＡが手をつけた遠隔透視計画には引き続き、政府予算が費やされることになった。今度のスポンサーは米軍だった。１９７７年からは軍が、プットホフとターグのＳＲＩチームへの秘匿研究の委託を行うとともに、メリーランド州フォートミード基地に軍人と民間人からなる小規模な超能力者部隊が創設された。

この米軍の超能力者活用計画は、「ゴンドラウィッシュ」「グリルフレーム」などと名前を変えながら継続され、最終的に「スターゲート」と呼ばれることになった。軍内での担当部局は、当初は発足間もない陸軍情報保全コマンド（ＩＮＳＣＯＭ）だったが、１９８５年からはＤＩＡが元締め役となった。

軍関係者の中には、超能力にずっぽりハマって入れ込んでいる者がいた。軍事雑誌で、ソ連との対抗上この種の研究は必要だと説く者もいた。だが、懐疑的な人々もまた多かった。計画がとにもかくにも続いたのは、予算承認を行う議会に支持者がいたためでもある。その中には、ダニエル・イノウエのような有力な上院議員もいた。また下院議員のチャールズ・ローズは、遠隔透視を「安上がりなレーダー」だと述べて支援の立場を隠さなかった。ＣＩＡや軍が超能力に首を突っ込んでいることは、すでに１９７０年代末および80年代前半にジャーナリストによってすっぱ抜かれており、そうした試みが存在すること自体をことさら隠し立てする必要は薄れていた。時代は70年代の米ソ緊張緩和から、ロナルド・レーガンがソ連を「悪の帝国」と呼ぶ新たな対決モードへと移っていた。

軍内の各部門や諜報機関からの依頼に基づいて、フォートミードの超能力者たちはさまざまな透視を行ったという。ターゲットは、テヘランの米大使館占拠事件で行方不明になったアメリカ人の所在や、イタリアで誘拐された将軍の行方、ソ連の新型潜水艦計画、リビアの破壊工作員訓練施設やカダフィ大佐の居所、北朝鮮の軍事トンネル、などなど。

成功例とされるものもあったが、全体としての信頼度はやはり海の物とも山の物ともつかなかった。米陸軍研究所（Army Research Institute）は１９８４年、米科学アカデミーに、遠隔透視を含む心理的能力について、科学者による評価を依頼した。全米研究評議会（ＮＲＣ）が組織した評価委員会の報告は、１９８８年に『ヒト能力の強化　課題・理論・テクニック』という題で刊行された。ＳＲＩの研究などをレビューした上で、報告書はけちょんけちょんに述べた。

「科学的および超心理学的な基準に照らして、遠隔透視を支持する論拠は、きわめて弱いというより、実質的に存在していない」

ＮＲＣの調査と前後して、タークとプットホフは相次いでＳＲＩを離れた。１９７５年に彼らのチームに加わっていた、もと核物理学者のエドウィン・Ｃ・メイが、ＳＲＩでの研究を引き継いだが、彼も１９９１年にＳＲＩを去って民間の研究企業に移り、そちらで軍予算による実験を続けることにした。

フォートミードの部隊は存続していたが、ＤＩＡはヤル気をなくしつつあった。ＣＩＡ時代から、遠隔透視計画にはざっと２０００万ドル以上の予算が費やされたが、見るべき成果は乏しかった。

ＤＩＡが投げだしかけているのを横目にしつつ、ＣＩＡはこの問題に決着をつけることにした——超能力スパイにわずかでも可能性があり、ＤＩＡから再びこちらに引き取るべきなのか否か。ＣＩＡ技術開発課は１９９５年、心理学や教育学をはじめとする社会科学分野の独立研究機関で、政府系の仕事を多くこなしているアメリカン・インスティテュート・フォー・リサーチ（ＡＩＲ）に改めて評価調査を依頼した。

１９９５年のＡＩＲ報告書は、実質的に超心理学的現象の肯定派と否定派の〈一騎打ち〉となった。肯定派は、カリフォルニア大学教授のジェシカ・ウッツ。彼女は統計学者として超心理学的現象に関心をもち、１９９０年代にはまだ秘密指定だったＳＲＩのプログラムを客員として手伝っている。ウッツによれば、ＳＲＩの超心理学研究者らは、「統計学的な助け(statistical help)」を求めていた。ＡＩＲ報告書の作成にあたり、ウッツは超心理学的現象の存在は統計学的には有意だと述べた。

一方の批判派は、オレゴン大学教授のレイ・ハイマン。彼はヒトの認知、すなわち単なる知覚を超えた脳の高度な情報処理に、数理的な解析方法で取り組む心理学者だったが、同時に「超常現象についての主張に対する科学的調査委員会(ＣＳＩＣＯＰ《サイコップ》、現在はCommittee for Skeptical Inquiry＝ＣＳＩ)」という団体の主要メンバーで、ばりばりの心霊現象否定派だった。彼は、１９８８年のＮＲＣ報告書を作成した委員会にも参加している。ちなみに彼の述懐によれば、そもそも彼が超常現象に否定的な考えを抱くようになったのは、スタートして間もないプットホフとターグらの研究を見学したのがきっかけだった。先に触れた、ＡＲＰＡの係官が調査訪問のときに伴った心理学者というのは、実はこのハイマンである。

という訳で、両者ともにＳＲＩと因縁があり、かついずれも自己の主張を根本からは譲らなかったのだが、２人の意見が一致した点がひとつだけあった。

「諜報活動には、もっと頼りになるやり方がある」

超能力を肯定するウッツも、それが強力な能力だとは考えていなかった。あるインタビューで答えて曰く、「だってもしそうなら、あるかないかで論争なんてしないでしょ」。確かに。

このＡＩＲ報告書が、いわばとどめの三行半になった。ＣＩＡは、ＤＩＡが心変わりするなら研究続行の目はあるとも考えていたが、ＤＩＡにその気はなかった。

米国の超能力スパイ大作戦は、終結した。

「ナンバー10003の謎」

１９６０年代からしばらくのブーム期、およびそれ以降の時期におけるソ連・ロシア超心理学の軍部・諜報機関との関わりについては、正直言ってよくわからない。ＫＧＢがチェコスロバキアの超能力研究に関心を示していたとか、西側に逃げた人物の居場所を超能力者に探させたなどの話があるのだが、典拠とするには勇気のいる超古代文明を専門とする作家の本や、また生物兵器研究に携わっていた軍事科学者の回顧録の中にお笑いネタ的に出てくる話である。旧ソ連の公文書はアメリカのようには公開されていない。ただ、何らかの活動は行われていたことは次の記事から窺える。

ロシア連邦政府が所有する新聞ロシースカヤ・ガゼタは２００９年、「ナンバー１０００３の謎」という古風な推理小説みたいな題の記事を載せた。それによるとだが、ソ連末期の１９８９年12月、軍参謀総長ミハイル・モイセーエフは超能力者たちからの提案を受けて、彼らを情報収集に役立てる「１０００３部隊」を創設した。アメリカの超能力部隊の存在がすでに知られていたので可能になった決定だったという。予算は財務省から別枠で支出され、活動内容の詳細は国防相にも明かされない極秘部隊だった。

１０００３部隊はソ連崩壊後も存続し、１９９０年代には北カフカスでのテロ対策のための超能力諜報に従事した。ただし、軍首脳部は同部隊がもたらす情報に耳を貸さなかったので、能力があろうとなかろうと役には立たなかった。ただ、スコットランドで核事故が起こりかけているのを超能力によって察知して英国側に通報、大惨事は未然に防がれた、のだそうだ。親切なスパイ部隊である。

残念なことに、2003年に10003部隊は解隊したという。「21世紀は武器の力で築かれてはならない」「ロシアは一方的武装解除を率先して行い、しかしそれを喧伝することはなかったのである」とロシースカヤ・ガゼタは格調高く書いたが、筋金入りの課報機関員だったウラディーミル・プーチン(2000年大統領就任)にとっては、「そんなもんで情報が取れるものか！　トッポイ野郎どもめ！」てなもんだったかもしれない。

＊　＊

超能力と軍事・諜報の関係、とくに1970年代から1990年代の米国での状況については、元軍人、ジャーナリスト、超心理学者、そして当の「超能力者」たちが、多くの本や記事を書いてきた。読書の糧には困らない。いずれも面白い。と言うか面白すぎる話に連打されて、虚実の森の中で我を忘れてしまうかもしれない。

ロシアの元将軍はこんな回顧話をしている。1992年末、ボリス・エリツィン大統領の訪日が検討されていたとき、彼は北方領土の島を2つ3つ、日本に返還するつもりがあった。しかし、KGBの後身であるロシア保安省(その後の連邦保安庁＝FSB)の幹部は念のため、返還した場合の結果を超能力者に探らせることにした。

託宣に曰く、島々を日本に返せば、同様にロシアとの間で領土問題を抱える中国指導部が、ロシアに敵対的・攻撃的になる。その結果、中国は国際社会から孤立してロシアを含むライバル諸国には好都合な状況にはなるが、圧迫された中国はロシアに対する局所的軍事行動に打って出るかもしれない。そしてそれは、東南アジアでの大規模衝突に発展しかねない、であろうぞ。

やっぱ大統領を日本に行かせない方がいいんじゃね？　いや、大統領は「皇帝《ツァー》はオレじゃねえのか⁉」とか言って耳貸さねーんだ。だいたい奴さんに筋道の通った行動を期待するのが間違っているる、みたいなすったもんだが政府部内であったあげく、エリツィンは１９９３年秋に東京にやって来て、日露両国の友好をうたう共同宣言を発表したが、北方領土は日本に帰ってきませんでしたとさ、おしまい。

対するアメリカも負けてはいない。同国の超能力部隊はその末期、隊員の女性と議会関係の有力男性との〈深いオトナのつながり〉を頼りにかろうじて予算が下りる首の皮一枚状態に陥っており、一方で軍などからの透視依頼はめっきり減って、隊員たちは公務に関係のない自主的な透視を行って士気を維持していた。素晴らしい知見がもたらされたという。「失われた大陸アトランチスの首都は南米チチカカ湖に沈んでいる」とか、「ネッシーの正体は恐竜の幽霊である」とか。

米露両国の超能力対決が終結したあと、才能のある書き手は、虚実の重ね合わせ状態そのものが面白いことに気がついた。出色の成功を収めたのが、ウェールズ出身の作家・ジャーナリストのジョン・ロンスンによる『ヤギを見つめた男たち（The Men Who Stare at Goats）』（２００４）だった。これはベストセラーになり、ジョージ・クルーニー、ユアン・マクレガーが主演する同名のファンタジー・コメディ映画になった。ご覧になった人は御存知の通り、そのエンディングは、超能力という概念が私たちの日常からの脱出口という価値をもっていることを、ありきたりなオチながら素敵なシーンで映像化している。

超能力は、私たちの〈夢〉だ。今後もそうあり続けるだろう。ひょっとしたら私もあなたも超能力戦士かもしれない。そして〈夢〉は、利用《エクスプロイト》される。いつの世でも。いかなるかたちであれ。月並みな結論？　夢がない？　でも、人の一生も人間の歴史も、一幕の夢みたいなもんだとしたら、そういう結論だって夢の一場面なんだから、いいじゃないか。

コラム――宇宙とソ連と超心理学

帝政ロシア時代末期から、同国での超心理学的研究は長い歴史をもつ。代表的な人物として、神経学・心理学者で、皇帝の勅命を得てサンクトペテルブルク精神神経学研究所を創設し、革命後にはペトログラード脳研究所の所長を務めたウラディーミル・ベヒテレフ(1857〜1927)がいる。正統的な精神・神経学分野の研究で業績を挙げる一方(メンデル－ベヒテレフ反射などに名を残している)、彼は精神的暗示、すなわち黙したまま相手に自分の意志を伝えるテレパシー能力の存在の可能性に大いに心を惹かれていた。実際に、実験者が頭の中で考えた複雑な組み立ての芸をイヌがその通りにこなせるかどうか調べている(もちろんその時実験者は声は出さず、視線その他による「手がかり」をイヌに与えないために目隠しや隔離なども行われた）。１９２２年には、精神暗示の問題を調べるための研究委員会が彼の音頭で組織されている。

　ベヒテレフの死後、衣鉢を継いだのがレオニード・ヴァシリエフ（１８９１〜１９６６）だった。生理学者として脳研究所に入った彼は、後にレニングラード大学の生理学部長を務めた優秀な人物で、やっぱりテレパシーが好きだった。

　ヴァシリエフの超心理学への傾倒を、彼が「コスミズム（Космизм　ロシア・コスミズムともいう）」の信奉者であったことと関連づける議論がある。コスミズムは、伝統的な宗教的・倫理的世界観と近代自然科学のインパクトとを融合させて、人類と宇宙の発展を考えた一種のユートピア思想である。代表的な思索家であったニコライ・フョードロフ（１８２９〜１９０３）は、科学の力でヒトが不死となり死者が甦る世界を思い描いた。心霊主義者《スピリチュアリスト》が夢見るような霊魂不滅を、勃興するサイエンスで実質的に実現しちゃおう、という実にモダンな発想である。

　宗教側から見れば異端的で、科学側から見ればオカルト的で、古きロシアのニュー・エイジ思想とも言うべきこのコスミズムは、しかし科学技術の発展に一定の霊感を与えた——ヒトが死なくなったり甦ったりすると、人口爆発が起こって困る。ならば宇宙空間への進出だ、人類の移住だ。コスミズムにハマったひとり、コンスタンツィン・ツィオルコフスキー（１８５７〜１９３５）は、そうしたモチーフに突き動かされながらロシアのロケット工学の父になった。狭い地球にゃ住み飽いた、銀河にゃ無数の星がまつ。ツィオルコフスキーは、来るべき宇宙旅行時代には通信のためテレパシー能力が必要だ、とも述べていたという。

　科学技術を信頼するコスミズムの思想は、科学的唯物論を信奉する共産主義政権と、少なくとも革命後しばらくの間、折り合いがよかった。それは、ロシアの「後進性」を打破しようという時代的気分とマッチしていた。ヴァシリエフも属していたレニングラード（当時はペトログラード）のコスミスト・グループは、不死もまた人権のひとつだと唱え、パンフレットの中で「万国の死者よ、団結せよ！」とまで呼号した。

　ある意味、コスミズムのこうした派手な急進性が、後のノーチラスと同様、テレパシーにまつわるイデオロギー的懸念を、露払いのように吹き飛ばす役割を演じたと言えるかもしれない。「テレパシー」という語は、イギリスの心霊研究協会(Society for Psychical Research)の幹部だったフレデリック・マイヤーズの造語である。その概念の源は、死者の霊魂と霊媒(交霊能力のある人。手っ取り早く言うと恐山のイタコみたいな能力者)などを通じて対話できるという近代心霊主義《モダン・スピリチュアリズム》にあった。エンゲルスは、この近代心霊主義にきわめて批判的だった。テレパシーは、いわば出自が悪いテーマであり、何らかの〈浄化〉が必要だった。

　ヴァシリエフはテレパシー研究に邁進した。1930年代半ばには、レニングラードのヴァシリエフとともに、モスクワの科学アカデミー生物物理学研究所のピョートル・ラザレフ(1878〜1942)らも、別個に超心理学研究プログラムに取り組んだ。

15　魅惑のデス・レイ

科学技術に信頼し、科学技術に裏切られ、所詮この世は事実《ザイン》と当為《ゾルレン》、惚れた弱みの未練坂――なんてダメ臭い演歌のサビをさらに劣化コピペしたみたいな事態に、科学技術が世事に役立つと確信した産業革命以降の人類はたびたび直面し、がっかりしたり踏んだり蹴ったりされたりしてきた。でも学習能力があっても懲りないのが我らヒトのヒトたる所以。複雑な脳を備えた万物の霊長には、「フェティシズム」なんて高邁な心理機制も存在する。魅力的だと感じた事物や現象や思考に固着して離れられなくなって、繰り返しヘンなことをしでかす。それが科学の進歩の隠れた動因だとは申しますまい。でも、当為と現実の狭間で、魅力的だが実現可能性に乏しいアイデアに蠱惑され、壁に押し寄せては駆逐されるようなことを繰り返してきた歩みは、それ自体がうっとりするくらい蠱惑的である。

ここで取り上げるのは「殺人光線」。邪悪な兵器の眷族として構想され、構想をばりばり裏切られつつ、でもやっぱりそれで押し寄せる敵をなぎはらえたらいいな、という期待を糧にして今もなお人気を誇る超兵器界の未完の超大型アイドル（?）である。

遠隔作用に魅せられて

ピカっと光って敵撃滅。デス・レイ（殺人光線）は、古来私たち人類の邪悪な夢だった。アルキメデスは太陽光を鏡で一点に収束させ、迫り来るローマの敵船を焼いたと伝えられる。矢や槍のような投擲兵器に比べて、目標にサッと届く素早さと、ブツを投げるわけではないので補給いらずというのが好感度のポイントかもしれない。

話は光線に限らない。『旧約聖書』の神様は、預言者ヨシュアに、司祭たちが羊角のラッパを吹いて民衆が大声で叫べば敵の城壁は崩れると伝授した。見事に崩壊するエリコの城壁、まさに神の兵器。壁の構造計算をした奴の責任が問われるかもしれないが。

それらが再現可能性のあるものだったなら、鏡を携え声が半端なくデカい兵士たちが世界史を闊歩していただろう。でもアルキメデスの逸話は古代ギリシャの都市国家伝説に終わり、住宅地のブロック塀を破壊する気遣いなしに昨今の都市部の廃品回収トラックは騒音攻撃に余念がない。

しかしそれは、強度の問題かもしれない。要するに伝達するエネルギー量の問題である。進歩する科学と技術の力で、何とかなりはしないか。何しろ遠く離れた物体に効果を現す遠隔作用の最たる引力も、ニュートン氏のおかげで数式で記述できるようになったわけだし、人力では考えられなかったパワーを、ワット氏らの蒸気機関は実現しているわけだし。光線兵器のアイデアは、やがて要らぬ復活を遂げることとなった。

さきがけを誰とすべきかは、文献考証をちゃんとしなくてはならないが、少なくともフィクションの世界では1809年、太陽光を集めたアルキメデス・タイプの超科学兵器が登場している。ワシントン・アーヴィングが書いた小説『月による征服（The Conquest by the Moon）』なのだが、進歩した月人たちが地球を太陽光収束光線で攻撃してくるのである。

ちなみにこの作品は、欧州系による北米先住民の征服を批判した政治風刺小説である。後のH・G・ウェルズ『宇宙戦争』（1898）と同様、小説の中の殺人光線は、異世界のハイテクとして登場し、科学と技術に驕れる先進国民の鼻柱をくじく舞台装置となって私たちを照射する。びびび。

フィクションの空想科学ではなく、モダンな軍事的空想科学としての殺人光線のさきがけを誰にすべきか、やはりよくわからないのだが、1876年6月8日、ジェームズ・C・ウィンガード教授なる人物が、どうやって丸め込んだかは知らないが、米海軍の人々を招いて〈波動砲〉の実験を行った記録が残る。ニューオーリンズ市の北に広がるポンチャートレイン湖沖2.5㎞に浮かべたスクーナー船を、彼の発明した「名状しがたき力線（Nameless force）」を発する装置で破壊したのである。

当時の報道などによると、装置（何らかの電気的装置だったらしい）が作動してしばらくして、船は大爆発を起こし、メインマストは木っ端微塵、たなびいていた旗も散り散りになった。感銘を受けた海軍は、しかしピアレビューをもっと徹底すべきだと考え、2回目の実験を要求することにした。再現性が確認されたら、国家予算を注ぎ込んで支援しましょう云々。ウィンガードは会社を立ち上げ、投資家たちから資金を募り、東部ボストンに拠点を移してデモンストレーションを行うことにした。

再び大爆発が起こった。しかし、爆発したのは、ボストン港に浮かぶターゲット船に、準備のためと称して向かった手漕ぎボートだった。爆発の原因は積荷のダイナマイトだった。ウィンガード教授（この肩書きも自称だったらしい）の白状したところでは、最初の実験もスクーナー船に積んだダイナマイトを、タイミングを合わせて爆発させたものだったという。

騙されかけた米軍当局のその後の対応は伝えられておらず、この事件が現実の破壊兵器としての「殺人光線」に対する人々の評価にどう影響したかもわからない。ただ、本人が自覚していたかどうかはともかく、ウィンガードが仕組んだインチキ話は、時代の推移と心理を先取りしていた。彼は時代の求めるもの《ゾルレン》を、ダメなかたちであれたぶん察知していた。海軍の人々も、不思議な光線を頭から斥けるマインドではなかった。

電磁気学、核物理学、つけ加えれば航空工学が、それぞれ前につんのめるようにしながら慌ただしく、世界を変える時代がやって来ようとしていた。

波動ブームと航空機

ポンチャートレイン湖の実験が行われたのと同じ年、ドイツのゴルトシュタインは、後に電子の流れとわかる未知のエネルギーの流れに陰極線といういささか工学部品的な名前をつけた。１８８０年代には、ヘルツが電波の存在を確認して、無線の世界に理論的道筋をつけた。１８９５年にはレントゲンがＸ線を発見。翌１８９６年には、ベクレルが放射線（α線）を見出す。

Ｘ線の貫通力は紳士たちのすけべえ心を励起しながら医学と生物学を革新し、陰極線でくるくる回るガラス管の中の羽根は長らく科学実験室のイメージ・シンボルとなり、ラジウムから染み出る放射線は、ありがたがられて化粧品や温泉の売り文句に使われたり実験科学者の命を縮めたりした。あるいはこの波動ブームは、自然哲学者たちの歴史的な鬨の声だったかもしれない。彼ら思索者たちは長らく、距離を隔てて対象に影響を与える遠隔作用に魅せられてきた。再現可能性がある、すなわちオカルティックではないかたちで記述でき、学問の対象となってきた遠隔作用の代表は、光と音だった。ニュートンが、それに引力をつけ加えた。問題は、光や音が自作できるのに対し、引力は作れないことだった。

でも、ふふふ。私たちはもう、使える波動を、自分たちで作れるんだよ。

19世紀末から20世紀初めの、自然界を流れ人体を貫く「線」ないし「波」のブームは、18世紀末から19世紀初め、自然界と人体を流れる「流体」がブームとなった時代と少しばかり似ていた。人々は未知のエネルギーの流れに熱狂した。かつてのポスト啓蒙時代の人々が考えた流体が、たとえば「動物磁気(animal magnetism)」のようなお花畑だったのに対し、線や波の方は、場合により有無を言わさず人体に影響し、害することもできる物理的実在だった。

野心的な人々は群れをなして、未知のエネルギー波動の探索に殺到した。その中には、群衆心理についての先駆的考察で知られるフランスのギュスターヴ・ル・ボンなんて人もいた。心理学や人類学に打ち込んだ彼は、アンリ・ポアンカレと仲のよいアマチュア物理学者でもあり、レントゲンの仕事に触発されて1896年、X線と同様目に見えず、しかし写真板を感光させる「黒光線(lumiere noire)」を見つけたと発表した。

学者同士の苛烈な先取権争いの文化はこの頃にはしっかりとアカデミアに根づいており、ナンシー大学のルネ・ブロンロが「N線」を発見した時には、それは先に自分が見つけていたものと同じだとして争った。だが、実在しない波動を共同幻想で維持できるほどの社会構成主義は、血で血を洗う競争文化に叩き込まれた実験科学者たちが繰り広げる知で知を洗う淘汰の網の目を、もはやかいくぐれなくなりつつあった。黒光線もN線も実在せず、彼らの人生の黒歴史となった。

ただしル・ボンは、今や光線が単に基礎科学の玩物ではないことを認識していた。1903年、彼は、ラジウムから出る光線が離れたところにある火薬を発火させられるかもしれないと述べて耳目を集めた。それはウィンガードの架空理論のパロディじみてはいたが、インチキ光線の時代と異なり、多くの新たな線や波の話が、すでに人々の心を貫通していた。ル・ボンの着想は、アメリカやロシアの新聞にも取り上げられ、悪ノリしたメディアの中にはラジウム光線で軍艦を吹き飛ばすストーリーを載せたところもあった。

作家も敏感に反応した。ジャック・ロンドンの短編『全世界の敵（The Enemy of All the World）』（１９０８）は、米国を訪問中のドイツの皇太子の乗る艦隊を、電気的波動を浴びせて爆砕し、米独戦争を引き起こす男の物語である。

光線兵器のリアリティにからみつくような支援射撃を与えたのは、航空機の出現だった。ライト兄弟が不格好な複葉機を浜辺で飛ばしてから10年も経たぬうちに、イタリア陸軍のジュリオ・ドゥーエは、この新たな発明品が戦争の形態を根本的に変えるものだと気がついた。第一次世界大戦を経て、それは確信に変わった。航空機群で敵のハートランドを叩くことができれば、それは戦いの帰趨を決する最終決戦兵器に他ならない。同じアイデアに、アメリカ陸軍のビリー・ミッチェルも辿り着いた。

彼らは決して、無差別に市民を殺す「戦略爆撃」をうきうきと推奨したわけではなかったが、結果的にゲルニカや重慶やドレスデンや東京や広島や長崎や、その他さまざまな町で人々は逃げまどい、逃げられずに殺された。鋭敏な政治家や軍人や技術者たちは、やがて来るべきこの大量死の不安を正しく予感し、押し寄せる空軍を防ぐ手段が関心事のひとつとなった。対空兵器として使えるものはないものか。遠くを飛ぶ奴らをやっつける方法は。

模索する目の前に、光線があった。

ふふふ、私たちはもう、使える波動を、自分たちで作れる。そいつで叩き落としたらいいじゃない。

英語の世界に「殺人光線（Death Ray）」という熟語が生まれたのは、第一次大戦終結の翌年１９

１９年だといわれる。

そろぞろ出てくる発明家

１９１３年、イタリア人発明家でフランスに研究所を構えていたジュリオ・ウリヴィ（Giulio Ulivi）は、フランス海軍の将軍らを前に、約２００ｍ離れて置かれた爆雷を光線で爆発させる実演を行った。その成功を見て、フランス海軍はさらにセメントで掩蔽された武器庫を吹き飛ばせるかと訊ね、請け合ったウリヴィは見事に期待に応えた。ウリヴィの光線は「Ｆ光線」と呼ばれ、それはドイツのツェッペリン飛行船のような航空兵器への有効な対抗手段とも喧伝された。

しかし彼は、Ｆ光線の本質は赤外線であると説明し、理論的背景はあいまいで、実験条件を変えようとすると不機嫌になった。海軍は不信を抱き、調査結果を新聞がすっぱ抜いた。それは、実験対象に低温で着火する火薬がまぶされていた可能性を指摘するものだった。フランス海軍は手を引き、それでもウリヴィになけなしの期待を寄せる向きは、彼の光線が全面戦争の抑止手段になるのではないかという淡い思いを抱いたが、まもなく第一次大戦が始まり欧州は血の海になった。

大戦さなかの１９１７年、英海軍省の暗号解読部門「ルーム40」のスタッフだったＲ・ラッセル・クラークは、「熱線」兵器こそ勝利のカギだというアイデアを抱いた。膠着する戦線で、有為の若者たちがバタバタと死んでいた。彼は、当時軍需相を務めていたウィンストン・チャーチルにこの新兵器の開発を進言した。曰く、「熱線を攻撃目的に使うのは真新しい話ではないのでありまして、ウェルズ氏の『世界戦争』の中で述べられております通り……」。

科学が好きだが科学に疎く科学者の格好のカモだったチャーチルも、空想科学を引き合いに出すクラークの提案書をさすがに持て余して、軍需省の技官たちにチェックさせた。結果はけちょんけちょんの評価で、世界戦争に英国がデス・レイ予算を注ぎ込む事態にはならなかった。

戦争が終わっても、発明家たちはデス・レイの開発を主張し、あるいは売り込み続けた。中でも有名だったひとりに、イギリスのハリー・グリンデル・マシューズがいる。

どれだけ有名だったかと言うと、我が国の誇る工学者・八木秀次(地デジ時代になっても八木らが開発した指向性アンテナ「八木・宇田アンテナ」は実用品として活躍している)は、1926年に京都大学で行った講演の中で、「俗に殺人光線又は死光線と名付くるものがあつて、それは種々奇怪なる作用を現はすことが出來るかのやうに傳へられてをります」と述べ、懐疑的な眼差しとともにその研究者として「英のマシウス氏」を第一に挙げている。

ちなみに講演には「伊のウリビ氏」も出てくる。八木が指向性波動の制御技術として、デス・レイに注視していたことがわかる。八木が電波に指向性をもたせる原理を特許として登録したのは、同じ1926年のことである。彼は、デス・レイ発明家たちが自分たちの研究を出し抜きはしないかとヤキモキしていたのかもしれない。

なお彼の講演は、理系の分野横断的なアカデミーとして発足して間もない日本学術協会の大会の場でのことだった。講演録では、前後の登壇者には「喝采」とか「拍手」なんて言葉が躍るのに、八木の講演は「大いに注目をひいた様であつた」と素っ気なく書かれている。たぶん八木が、報道から推測されるマシューズらの殺人光線の動作原理を語りつつ実効性に強い疑問を呈していたのと、

「こんな話でウケたら学者の沽券にかかわる」みたいなビミョーな雰囲気が漂っていたのではないかと察せられる。

アフリカ系アメリカ人による初の船会社を設立し、黒人解放運動とアフリカ回帰運動を経済と実業に即して実現しようとし、レゲエ・ミュージシャンたちに今もインスピレーションを与えている偉人マーカス・ガーヴェイも、同じ頃マシューズに言及している。曰く、「文明が自らを欺くのを見ているのは面白いね。先日ある男が（名前はマシューズだったと思う）、デス・レイという着想で世界に殴り込みをかけた」。ただガーヴェイも八木と同様、懐疑的ではあった。「イギリス人、フランス人、ドイツ人たちがそいつを手に入れようと彼を追いかけ回した。でもそいつは何の役にも立たない代物だった」。

マシューズは技術者として、夢想や捏造にまみれた人々とは一線を画してはいたが、結果的にはガーヴェイの見解は正しかった。

レイに始まりレイに終わる

マシューズは郷紳の家柄に生まれたハンサムな男で、大金持ちのセレブ歌手を射止めたこともあるモテ野郎だったが、根はメカマニアのオタクだった。豊かな発想の持ち主で、大学には行ったが、勃興する電気工学の世界に魅せられてドロップアウトし、企業勤めの見習い技師になった。

第二次ボーア戦争が起こると、当時の英国の若者らしく、志願して南アフリカへ向かった。彼が所属したのは、猛将ロバート・ベーデン＝パウエル少将が編成して現地の治安維持にあたった南アフリカ警察隊である。ベーデン＝パウエルは退役後に「ボーイスカウト」を組織した。服装は南アフリカ警察隊の制服を元にしているので、マシューズはスカウト服の原型を着た最初の若者のひとりだったということになる。

帰国後に小さな研究所を営んだ彼は、やがて若き発明家として頭角を現した。無線通信や無線操縦についての特許をいくつか取得し、1910年には自分の無線電話会社を興す。彼の無線電話装置は、ロイド・ジョージの前で実演され、さらにバッキンガム宮殿で国王ジョージ5世の天覧に供されたという。ただ残念ながら、発明をビジネスにする実力と運には恵まれず、彼の会社が大きく育つことはなかった。

第一次大戦が始まると、マシューズは無線操縦の舟艇や、潜水艦探知システムの開発に取り組んだ。前者はセレン受光素子を用い、遠方からのサーチライトで操舵できる船だった。その発明で彼は国から2万5000ポンドの懸賞金を得るが、軍事的実用性に欠けており、要するに使い物にならなかった。

戦後彼は、映像と音を同時に記録できるサウンドカメラを開発し、トーキーの分野に打って出る。ただしそれは、同種の発明がしのぎを削る競争の激しい分野であり、商業的成功を得るために悪戦苦闘を強いられる。その傍らで彼が取り組んだのが、デス・レイである。

トーキーの研究開発費をまかなうため、投資家向けに派手なPRをしようとしたのが、マシューズのデス・レイの当初の目論見だった可能性がある。1923年に彼は記者たちの前でエンジンを止める実演を行い、さらに1924年初めには、実験の様子が『ザ・デス・レイ』という短編映画としてロンドンの劇場で公開された。映画の制作陣がいささか〈演出〉ないしフカシの度を過ごしたのは否めない。監督は「これは娯楽映画ではない」と述べつつ、デス・レイを浴びてネズミは死に、電球はひとりでに点き、モーターバイクのエンジンは止まり、火薬が発火したり、怪奇映画じみた光景がてんこ盛りだった。

マシューズのデス・レイは評判になり、人々は感銘を受けたり疑いの眼差しを向けたりした。彼はマスコミの寵児となり、英下院ではマシューズとデス・レイについて政府の所感を問う質疑が交わされた。海軍提督の中には、デス・レイを英国の武器にすべしと考える熱心な者も出て来た。一方で、内閣の貴顕からの私的な諮問を受けたアーネスト・ラザフォードは、「よした方がいい」といったアドバイスをした。ラザフォードは、第一次大戦中のマシューズの光線操縦船がアイデア倒れだったのを知っており、はなから懐疑的だったらしい。

この大騒ぎに、マシューズ本人が辟易し始めた節がある。彼は当時、自分の発明は実験室段階であり、その威力は「豆鉄砲とどっこいどっこいだ」と内輪では語っていたと伝えられる。彼が確認していた光線の有効距離は64フィート（19・5m）でしかなく、それはロンドン市内のビルにある彼の研究室の最大奥行きだった。ただ、過大な報道にはやんわり文句をつけたが、転げ込んで来た評判を自分から台無しにするようなことはしなかった。

英空軍省から問い合わせが来た時、マシューズはしばらく返事をしなかったという。でも結局、同年5月末、空軍省の調査官らの前で装置の実演をすることになった。そこには、話を聞きつけた陸海軍の将校たちもやって来た。彼の研究室で行われた実験では、台座に置かれたガソリンエンジンが、光線を浴びて見事に停止した。

彼の光線の仕組みはきちんとした研究リポートとしては残っていない。なので、以下は往時の八木の推測や、その後書かれたマシューズの伝記などに基づく「たぶんこうだったろう」という話である。それは二段構えのものだったらしい。

実験に同席した海軍省の人物は、「赤みを帯びた青い光線」を見たと書き残している。それは紫外線の発生装置と考えられ、それによって、目標物まで、電離された空気のチューブ状空間を作る。それとともに、比較的強力な電波を発射する。目標とするのは、エンジンの点火プラグと、それをスパークさせるパルス状電力を供給する発電機であるマグネトー。電離された空気が高圧回路のどこかを短絡させるか、あるいは電波によってマグネトーの着火サイクルに干渉できれば、まんまとエンスト、する場合がある。

ただし飛行機や自動車がエンジン剝き出しで飛んだり走ったりしているわけではない。マシューズのデス・レイは、条件を整えた実験室ではうまく行ったかもしれないが、フィールドで使うのは無理だ。空軍省は、国側が用意したエンジンと技術者による再実験をしたいと依頼したが、マシューズはそれを断った。彼は1924年晩秋にアメリカに渡り、翌年からはニューヨークに本拠を移して、デス・レイで築いた知名度を生かして、自分のトーキーや、新たに考案した電気式鍵盤楽器「ルミナフォン」のプロモーションに邁進した。一時、ワーナー・ブラザース社と仕事をしていたという。

1930年にイギリスに戻り、新たな発明「スカイプロジェクター」で彼はまた話題となる。強力な投光器で空中に光線を発し、文字や絵を投影する大砲みたいな外観の装置で、ドイツで政権を奪取して間もないナチスも宣伝用に使えないか打診してきたという話もある。ただこれも、投影する映像が安定しない中途半端な物だったらしく、マシューズは間もなく破産を宣告される。彼はある意味、才能はあったが、不運な発明家だったとも言える。

怪しい光線ならやっぱりテスラ

その他、1920年代から1940年代にかけて、多くのデス・レイ発明者が新聞や雑誌をにぎわした。

1924年夏、米サンフランシスコの発明家エドウィン・R・スコットが、我こそ殺人能力がある航空機を遠方から落とせるデス・レイの最初の発明者なり、とマシューズに真っ向から論争を挑んだ。同年9月、スコットは鼻息荒く船でロンドンに向かったが、入れ替わりのようにマシューズが渡米しているので、光線合戦にはならなかった。スコットは翌1925年、米海軍から研究施設提供の便宜を得たようだが、軍艦と飛行機を実験用に提供してくれと頼み込んでそれはさすがに断られた。その後の報道は見当たらない。

1929年、ロンドンのA・ロバーツなる人物が携帯型のデス・レイ装置でモーターバイクをエンストさせたと伝えられた。彼は、マシューズが自分の発明を見て盗んだのだと主張したが、マシューズと同様に動作の仕組みは明らかにしなかった。残っている写真を見ると、実験用バイクはエンジンの遮蔽があまりされていない原付みたいな物で、実際にマシューズの光線と同じような仕掛けだったのかもしれない。

１９３１年、ベルリンの化学者クルト・シムクスはボーデン湖畔で、１８０ｍ先の地雷を爆発させたと報道された。彼のデス・レイ発生装置は、写真で見る限り衣裳ハンガー台にワイヤをちょぼちょぼとからませたみたいな代物で、映画監督なら即却下しそうな見栄えである。詳細はやはりわからない。間もなくナチス時代になって、彼は米国に逃れたようで、１９３０年代から１９６０年代にかけて同名の人物がアメリカで電気工学関係の特許をいくつか取得している。

１９３４年には、米クリーヴランドのアントニオ・ロンゴリアが、犬猫兎を殺せるデス・レイをネブラスカ州オマハで開かれた発明大会で披露した。ロンゴリアはマドリード生まれのスペイン移民で、工学と医学の学位をもち、金属溶接技術で財をなしたり、放射線を使った癌治療に取り組んだりした。彼のデス・レイも、溶接法や先進医学機器の広報目的だったかもしれない。その後、彼の光線は、６km離れたところから空飛ぶハトを瞬殺し、厚い金属容器の中の小動物を殺すこともでき、人間だって……とまで〈パワーアップ〉したが、１９４０年になってロンゴリアは、人類のためにこのような恐ろしい物は消し去られなくてはならぬ、とかヒーロー物の正義の科学者みたいな物言いとともに装置をぶっ壊してしまったので、やはり詳細はわからない。

余談だが、１９３５年から１９３８年にかけて、クリーヴランド周辺で12人が惨殺される連続殺人事件が起こった。当時の同市の治安本部長は、アル・カポネを検挙したことで有名なエリオット・ネスだったが、「キングズベリー・ランの屠殺者」と後に呼ばれるその犯人はいまだ正体不明である。１９３９年2月、ある女性から、掃除の仕事で訪れた先で血痕のついたベッドに電線がからみついているのを見たとの情報が寄せられた。色めき立った捜査官たちが踏み込んだのは、ロンゴリアの研究室だった。彼はそこで、癌治療装置の研究をしていたらしい。これが契機でデス・レイからも足を洗ったとしたら、残念なことである。

１９３５年、フランスのアンリ・クローデルという人物のデス・レイが、10㎞離れたところの生き物を皆殺しにできる、という記事が雑誌に出た。ただしそれは、小動物に対する効果からの推定とされ、デス・レイ発明家の常として、彼はその設計を秘密だと述べた。

１９３６年、イギリスの発明家ハリー・メイは、米サンディエゴの展覧会にデス・レイ装置を出品した。例によって、原理だの何だのはわからない。

メイは、デス・レイ史よりもロボット開発史での方が有名である。彼が作った人間型ロボット「アルファ」は、見た目はゴツかったが音声コマンドに反応する〈インテリジェント〉なロボットとされ、その後のアシモみたいな人気者だった。セクシーさではアシモをしのぎ、ヌードの女性たちとの記念写真も残る。ついでに、メアリー・シェリー『フランケンシュタイン』の文化的原型にも忠実で、１９３２年にはピストルを持たせたところコマンドに誤作動してメイを撃ったなんて話が新聞を賑わせた。メイの自作自演の話題作りかという疑惑はさておき、発明家としてはとりあえずデス・レイも作らねば、というのが当時の文化だった。

他にもさまざまな人々がおり、さまざまな光線がうそくさい輝きを放っては消えた。オランダの発明家のデス・レイ開発話をキャッチしたイギリス秘密情報部（ＳＩＳ、別名ＭＩ６）は、資金を提供して援助した。案の定実機はできず、手を切ろうとした担当官に発明家は告げた――殺人光線としては道半ばですが、私の発明は果物の保存に極めて有効であることがわかりました、よければどうぞご自由にお使い下さい。

ご家庭のコンセントにつなげば作動して、虫やヘビを殺して暮らしに役立つデス・レイなんてのも登場した。ここまでくると殺人光線の本分を忘れている。デス・レイがコモディティ家電になってどうする。未知の波動ブームの最も邪悪な一族の末裔に、やはり古き良きデス・レイ文化の掉尾を飾ってもらわなくては困る。

交流で世界の電化を主導し、かつマッドサイエンティストのイメージ形成に今も貢献してやまないニコラ・テスラは、１９３４年、78歳の誕生日に、自分の考えた波動兵器のアイデアを集まった人々に開陳した。それは、今日のアニメ用語で言えば「メガ粒子砲」と呼びうるものだった。つまり電磁波ではない。加速して収束ビームにした水銀粒子を、航空機などの敵性目標にぶち当てて落とすというワイルドでゴージャスな発案だった。

瓢箪からレーダー

自分の発明を国境沿いに配置すれば、空軍力による侵略は無力化される。テスラはそう豪語して、自分のデス・レイを「見えない万里の長城」と呼んだ。高齢のテスラは過去の人となりつつあったが、実績と名声のある人物の構想を各国は無視できなかった。米国務省の外交官は、テスラが国際連盟でデス・レイの設計を公表しないかと心配した。関心をもったソ連とイギリスは、それぞれテスラと接触をもった。

だが、電磁波ではなく粒子ビームを選んだのは、グリンデル・マシューズとの違いを強調したいが故だったとの説もある。そもそもテスラの設計では、目標とする粒子ビームを作れなかった。粒子ビームを作りうるのは加速器だったが、たとえ作ったとしても、彼が唱えた「400km先の航空機」まで届いてばりばり撃ち落とす兵器など不可能だった。各国はやがて興味を失った。とくに英国政府との交渉が不調に終わったことにテスラはがっかりしたという。彼はデス・レイを高値（一説に3000万ドル！）で買って貰えないかと思っていた。

しかしデス・レイの砲列に粒子ビームが加わったことは、科学解説の世界には面白い効果をもたらした。1939年、アメリカの物理学者アーネスト・ローレンスが新たな強力サイクロトロンを作りたがっていた時、AP通信社の記者は、その話を「戦争には使えず科学に役立つデス・レイ」という記事にして配信した。曰くこのビームは「デス・レイとしての軍事的価値は皆無であろう。理由は2つある。ヒトが浴びても数日間は死なないし、しばらくは元気そのものの戦士であり続けるはずだ。また、この巨大装置はあちこちに移動させるわけにはいかない」。

筆致からして、科学記者一家として知られるブレークスリー家の2代目、ハワード・ブレークスリーかと思う。デス・レイを〈客寄せ〉に使って、記事を採用する側の各紙のデスクをたぶらかし、戦時下なのに戦争に役立たないと公言し、ベタかボツになりそうな基礎物理学の話題をまんまとニュース・シンジケートに乗せた記者の一本勝ちである。ローレンスの苦笑が目に浮かぶ。

もっとシリアスだが、やはりデス・レイが本題と違うツボを突いた話が、1935年に起こっている。同年1月、英空軍省の科学研究部門を率いるハリー・ウィンペリスが、無線工学の専門家ロバート・ワトソン＝ワットのもとを訪ねた。用件は、いわゆるデス・レイが実現可能性のあるものかを確かめてほしいというものだった。電磁波のビームで、生物を殺傷したり、爆弾を自爆させるまでに加熱することはできるのだろうか。

空軍省は、マシューズにがっかりした経験に懲りてはいなかった。世界は再び軍拡に向かっていたし、万一ドイツが変な物を作っていたら負けずに変な物を作る準備はしておかねばならなかった。蒸気機関のワットの子孫で、政府系研究機関の無線研究所（Radio Research Station）にいたワトソン＝ワットは、必要なエネルギー量の計算を助手のアーノルド・ウィルキンスに任せた。出てきた数値は、当時の技術では賄えぬレベルの桁外れなものだった。

「デス・レイがだめなら、何か他に使えるもんはないかねえ」。そう言うワトソン＝ワットに、ウィルキンスはこんな話を伝えた。郵政省の技官たちが、近傍を航空機が飛ぶと無電受信に障害が出ると言っていましたよ。この効果を利用すれば、敵の航空機の探知に使えるのではありませんか。瓢箪からコマというやつで、これが実用的な航空機探知レーダーの開発計画につながった。数年後、英本土爆撃に押し寄せたドイツ空軍と戦う上で、レーダーは大いに役立った。デス・レイがなければ、航空戦の行方がどうなったかは分からない。デス・レイさまさま。

当時、英国の科学諜報部門で活動していたレジナルド・ヴィクター・ジョーンズは、これを「途方もない幸運」だったと述べている。

レーザーとコンピューター

第二次大戦が始まった翌年の1940年6月、『大空の殺人(Murder in the Air)』と題するハリウッド映画がアメリカで封切られた。米政府のシークレット・サービスから依頼されて悪と戦う正義の味方、ブラス・バンクロフトを主人公とするシリーズものの1作。海軍出身の民間航空パイロットで、メキシコに潜入して密輸団や贋札製造犯をお縄にしてきたバンクロフトの今度の相手は、アメリカ国内で蠢動する敵側の破壊工作員たちだ。彼らが狙うのは、アメリカが誇る飛行船搭載型光線兵器「内勢力照射機(Inertia Projector)」。これができればアメリカは無敵という代物だ。頼むぞバンクロフト、祖国を敵の魔手から救ってくれ！

それから40年ほどして、ブラス・バンクロフトを演じたロナルド・レーガンはアメリカ合衆国の大統領になって、せっせと祖国を敵の魔手から救う仕事に打ち込み、核ミサイルを迎撃するレーザー光線兵器を宇宙空間に打ち上げてアメリカを無敵にしようとした。

この「戦略防衛構想(SDI)」、別名スターウォーズ計画はとんでもないカネ食い虫だったが、背景となる科学技術も宣伝倒れの気味があった。要するに実戦兵器としてはモノにならなかった。デス・レイ文化をきちんと踏襲したとも言える。ただ、アメリカとのハイテク軍備競争に追いつけなくなったソ連が音を上げて、結果的に同国の崩壊を招いた点では、戦略兵器としての役には立ったと言えるかもしれない。

宇宙空間で弾道ミサイルを撃破するという目的に特化したものではあったが、SDIは、デス・レイが再び真剣な考慮対象となる幕開けだったかもしれない。その〈復活〉は、レーザーとともに、コンピューターの進歩に支えられていた。超高速で移動するミサイル弾頭に、ピタリと照準を合わせ続ける技術がない時代には、全面核戦争における防空は、とりあえず空中で爆発してあたりのものを見境なく破壊する迎撃核ミサイルに依存しなくてはならなかった。だが、センサでキャッチしたミサイルの軌道を素早く計算して、行方を追いかけることができるなら……。

米海軍は現在、艦船搭載型の高エネルギーレーザーの開発を進めており、またイスラエルは「アイアン・ビーム(Iron Beam)」と呼ばれるミサイル迎撃用レーザーシステムのプロトタイプを2014年2月に公開した。レーザー兵器には中国も深い関心を寄せており、同月には国防大学教授で人気軍事評論家の張召忠・海軍少将がテレビで、同国の都市部のスモッグによる大気汚染はレーザーの有効射程を短くし、「PM2.5が400、500、600になるとレーザー兵器に対する阻止は最大となる」と、理屈は正しいのかもしれないが言わずもがなのことを言って、ネットすずめの餌食になった。

今後もデス・レイからは目が離せない、びびび。

16　地震は兵器だ！

1755年、欧州の政治・経済・文化を文字通り激震の中に叩き込んだリスボン大震災の折、ヴォルテールは居たたまれぬ感情を叩きつけるような詩を書いた。

「どんな罪を、過ちを、この幼き者たちが育んだというのか。傷つき、血を流し、母の胸の中で横たわる彼らが」

続けて彼は問いかけた。

「あなたは安逸のうちで、この災禍の理由をさがしている」

合理主義精神の権現たる彼は、天罰といった〈無慈悲〉な物言いで震災を説明する私たちの心根を告発した。原因を求める認知的不協和の解決策として超越者を持ち出すことを指弾した。それから2世紀半を経て、現在の私たちが目にするのは、こんな言説である。

「これは地震兵器によるものだ！」

大震災が起こるたびに繰り返されるこうした主張の語り手は、カルト信者から政府官員まで幅広い。米国の秘密兵器という説が〈有力〉なようだ。関心のある方はネットで検索していただきたい。ここではそれらの仔細を取り上げるかわりに、現実と想像力の中間領域にたたずむ地震兵器というイメージの点景を歴史の中からピックアップしてみたい。


「この大地震は西洋で起したんださうですが」


1923年9月、関東大震災の発生直後に大塚警察署に駆け込んできた男は、こんなことを言ったという。

「この大地震は西洋で起《おこ》したんださうですが眞實《ほんとう》ですか⁉」

「今度西洋で地震を起《おこ》す機械を発明して、日本を眞先きにやつゝけうとしたんだつていふことですが本當にさうなんですか？　警察の方へはまだ宣戦の詔勅の通知はありませんか⁉」

同じことを言う者がその後5～6人現れ、応対した巡査も「さう云ふ新發見が事實あつたのかナ？」と一瞬信じかけたそうだが、この話は小石川の砲兵工廠から毒ガスが発散する、といった誤報や流言と並んで記録されているものだ。大震災を兵器のしわざとする観念は、少なくとも90年前には、私たちの心の中に存在していた。

当時書かれたこの記事は、「察するに飛行機其他《そのた》から、考へついた流言らしいが、さりとはウマク考へたもの」とオチをつけている。記者が問わず語りに指摘しているように、地震兵器という流言が育つ養分は、科学技術の価値が社会に浸透していることだったに相違ない。

ちなみに兵器の破壊力を地震にたとえることは、もっと古くから行われていた。普仏戦争が始まって間もない1870年8月、米誌『サイエンティフィック・アメリカン』は、欧州の兵器開発競争をめぐる記事を載せた。曰く、進歩的な近代人の頭脳は倦まずたゆまず自然界の諸力を人類に役立てようと立ち働いている。発明家たちは善を目指す。だが善をなす力は害をなす力ともなる。改善・救済・祝福に向かわんとする同じ頭脳の働きが、災い・殺戮・破壊にも向かいうる。

「電信、鉄道、蒸気船、刈り取り機、種まき機、印刷機、青写真などなど、私たちの快適と幸福に寄与する品々をもたらしたのと同じ能力が、天雷に勝り地震や火山にも匹敵する破壊の道具を私たちに授けるのだ」

記事はまるで米ソ冷戦期の「相互確証破壊」概念の恐怖の感覚を先取りするかのように、「相互破壊と相互絶滅」という言葉まで使って兵器の進歩を憂えていた。実際、普仏戦争が終わったとき、死者は15万人に達していた。テクノロジーに支えられた先進国の正面火力の脅威は、地震を比喩として使っても違和感がないほど増大しようとしていた。

「あなたの考えを、現代科学が変えることになるでしょう」

科学技術の統《す》べる世界で2度目に起こった世界戦争のさなか、フライシャー・スタジオ制作のアニメ『スーパーマン』の新作がリリースされ全米で上映された。ミッドウェーの戦い直前の1942年5月に封切られたこの作品の中で、スーパーマンことクラーク・ケント記者が勤めるデイリー・プラネット新聞社に乗り込んだ〈敵役〉は、ケントはじめ同社の面々に宣言する。

「マンハッタンは我々に属する土地だ」

「かもしれませんね。で、私たちにどうしろと」と応ずるケントに彼は言う。「君たちは新聞社だ。真実を報道しなさい」。

彼が求めたのは市民のマンハッタンからの即時退去だった。「おいおい、そりゃばかげているよ」と色をなす編集長に彼は答える。

「ばかげている？　たぶんあなたの考えを、現代科学が変えることになるでしょう」

背広をきりりと着こなしたハンサムなその人物は、アメリカ先住民の科学者だった。彼は海底に設置した装置で、ニューヨークを大地震で破砕するシステムを完成していた。ついに装置は起動され、轟音とともに橋梁や摩天楼が崩落していく。「西洋」の文明に対する警告と復讐。

同年2月には日系アメリカ人の居住地からの「退去(evacuation)」、つまり事実上は収容所への送致が人権に齟齬しないとの法的定めが合衆国で発効していた。西海岸の諸都市では日本軍の空襲への警戒が続いていた。9・11をも彷彿とさせるマンハッタンを崩壊させる地震兵器は、アメリカ先住民の怒りの象徴であり、同じモンゴロイドである日本人に対する当時のアメリカの不安と微妙に響きあっていた。

一方、太平洋の反対側にいる国民も不安な日々を送っていた。科学力・機動力でアメリカに圧倒されようとしていた日本でも、地震兵器は思わしげな顔をひょいとのぞかせる。雑誌『科学朝日』1943年8月号に、こんな題名の記事が載った。「地殻から紐育爆碎」。上記スーパーマンのリメイクじみたタイトルのこの記事は、東大教授だった物理学者・平田森三が寄稿したものだった。

断っておけばこの記事は、「科学者の夢」というさまざまな著者による思考実験を取り上げた連載の中の一編である。指向性をもった強力な弾性波を複数の地点で起こし、それを一点に集中させることができれば、目的地に大きな震動を起こして土木開発も思いのままにできようというのが内容。「夢らしい楽しみ」と記す著者は、けっして大真面目にこういう兵器を作れと主張している訳ではない。「弾性波の震動數を音聲で制御すれば、目的の地域では大地から言葉が湧上り東京にゐる大臣の祝福の言葉を大地を通じて力強く住民に與へられるだらう」といった筆致には、寺田寅彦譲りの諧謔もほの見える。

しかし時局柄、少しは武張ったことも書かねば済まなかったに違いない。このような新技術で世界の福利に貢献しても、それをよしとせずに手向かう人々が出て来るならば、「たちどころに、各發振所よりの彈性波は位相を揃へてこの一點に集中し、たとへニユーヨークでも、ワシントンでも、大地の底から搖り上げ搖り下げ一瞬にして砂と瓦の荒野にしてしまふであらう」。

1943年5月には山本五十六連合艦隊司令長官の戦死が公表されていた。まもなくアリューシヤン方面アッツ島守備隊の全滅も伝えられた。じりじりと右肩下がりに追いつめられていく国に暮らす科学ファンにとって、地震兵器の夢が鬱屈を晴らすひとときの清涼剤だったことは想像に難くない。

「それは現在の合衆国の全核戦力の約半分である」

人類が工学的に誘発しうるエネルギー量が大地震の域に達したのは、ようやく20世紀後半になってからだ。核戦力の野放図な膨張がそれを可能にした。1989年10月、サンフランシスコを揺るがしたロマ・プリータ地震のときにも、「これは人工的に引き起こされたものだ！」というヨタ話が蒸し返されたのだろう、世界滅亡までの時間を示す「終末時計」の掲載で知られる『ブレティン・オブ・ジ・アトミック・サイエンティスツ』誌は短信欄で、人工地震を引き起こすのに必要な核爆発の規模の試算を載せた。

「1906年のサンフランシスコ大地震と同等の地震動を生み出すためには、2000メガトンの核爆弾が必要であろう。それは現在の合衆国の全核戦力の約半分である」

とは言え、放射性物質の放出抜きで地軸崩れる轟きをこっそり引き起こすことは難しい。核を使えばすぐバレる。では、現代の地球科学の成果に基づく違う手は考えられないか。

米ソが環境兵器規制についての交渉を始め、1975年6月13日には旧ソ連のブレジネフ書記長が新型の大量破壊兵器の開発・製造を禁止しようと呼び掛けたのを背景に（ちなみにこの声明は、ソ連が人工地震などを起こす非在来型の「超兵器」に実際に取り組んでいるからではないか、という憶測を西側に生んだ）、ストックホルム国際平和研究所（ＳＩＰＲＩ）は1976年版の年鑑で、地震兵器に一節を割くことにした。「環境・生態戦」という章の中にある。地震を人為的に発生させる方法を検討し、その軍事利用の可能性を考察したものである。

「現代のプレートテクトニクス理論は、地震の多くがプレート境界かその近傍で起こることを示している。このことは兵器として地震誘発を地球上の特定地点で用いること、ひいては戦争手段として用いることをさらに難しくしている」

このように結論はネガティブで、翌年の年鑑では取り上げられていない。

その他、1990年代には旧ソ連が地震兵器の研究をしていたといった話が現地から報道されたこともある。実際に中央アジアには人工地震研究の施設があったが、真剣な軍事的な意味をはらんでいたかはわからない。そういう話は、ＵＦＯの目撃情報に似て、浮かびてはかつ消えといった案配だ。

陰謀論マニアが依拠する研究事例で、唯一確実に存在したと言えるのは、第二次大戦末から戦後にかけて連合国側が実施した「ＳＥＡＬ計画」くらいである。

これは1944年に米南太平洋方面司令官のニュージーランド政府に対する要請に基づき、爆発物によって引き起こした波を攻撃兵器として使えないかと検討したものだった。水面下の珊瑚礁の上で爆発を起こすと意外と大きな波ができる、という経験にヒントを得たものである。計画にはオークランド大学、ニュージーランド軍、米軍が参加した。結論をかいつまんで言うと、海底地形の条件がおあつらえ向きなら被害をもたらしうる大波の形成は可能である。だが、ＴＮＴなどの通常爆発物の配置は大変で、そんな手間をかけずとも単に原爆を落とした方が「より実用的」というものだった。

地震兵器という想念が、その軍事的実用性とは別に、一部の人々に〈人気〉を保っているのは、たぶんそれが文化的な「説明原理」となるからなのかもしれない。地震は予期できない。自己のコントロールできる世界の外からやってくる。そのようなものに「理由」を求めるとき、私たちには原因を何らかの他者に帰属させようとするドライブがかかる。ヴォルテールの時代、それは神だった。近現代では、それは科学技術力をもった他者となった。

私たちが、自然界の物事であれ人間界の物事であれ、自分たちの手が届かない現象の原因を「納得」しようとするとき、「超兵器」は忍び足でやってきて、私たちの心のドアをノックする。

17 マルクス、モン・アムール——旧ソ連の猿人創造計画

唐代の伝奇小説『補江総白猿伝』は、梁の武将欧陽紇が、妖猿にさらわれた美人妻を取り返す物語である。無事取り返したはいいが、猿の繁殖力はあなどれず、妻は身ごもっていた。生まれてきた息子の顔は猿そっくり。だが賢くて字が上手く、やがて隋唐二朝で名を為す偉大な書家となった。楷書の名手、欧陽詢である。

実際の彼の容貌が、この小説のタネらしい。現代なら名誉毀損で裁判である。余談だが朝日新聞の題字は欧陽詢の書から作られている。『補江総白猿伝』に従えば、「アサヒは中国のサルの子の字

を使っている!」となる。ネトウヨ大喜び、ウキー。

ことほどさように、サルとヒトのハイブリダイゼーション(種間雑種形成)を巡るおとぎ話は昔からあるのだが、やがて妖怪も鬼神も美人妻の運命も吹き飛ばすモダンな時代がやってきた。一期一会の物語《エピソード》よさようなら、再現可能性に裏打ちされた科学技術よこんにちは。

人工授精のテクニックが発達し、それまではムリだったさまざまな動物の雑種を科学の力で作れるという自信が人々にみなぎった時、奇譚のテーマでしかなかったサルとヒトの種の壁の突破は、突如として国家予算が投じられる研究テーマに躍り出た。時は1920年代、投じたのは成立間もないソビエト連邦。研究目標は、ヒトと類人猿の種間雑種の人工的作成。具体的には、ヒトの精子で類人猿を孕ませること、またはその逆。

人権も猿権もすっ飛ばしたこの前衛《アヴァンギャルド》的な計画は、おそろしいことに体制の壁を超え、国際《インターナショナル》的な支援を受けた。仏パスツール研は実験施設を提供し、アメリカの市民団体は研究募金を呼び掛けた。関係した人々の思惑は、「科学てんでんこ」と言っていいほどバラバラだったが、インテリたちがウホウホと後先考えずに突き進んだのは、「狂騒の20年代」と後に呼ばれた時代精神のたまものだったかもしれない。

新しいヒトみたいなものよ眼ざめよ

「ヒトとチンパンジーの間の子供を作りにアフリカに行きたいのでお金をください」

1924年10月、そんな内容の手紙がモスクワのソ連邦教育人民委員部(文部省)のオフィスに届いたとき、受け取った教育人民委員(文相)アナトリー・ルナチャルスキーは、どうしようこれ、とか思ったに違いない。

話は突拍子もなかったが、むげにゴミ箱には捨てられなかった。差出人は、長期の欧州学術ミッションの途上ベルリンに滞在していた生理学者イリヤ・イワノヴィッチ・イワノフ。帝政時代から生殖生物学の分野で学界に名が知られ、ロシア初のノーベル賞受賞者イワン・パヴロフとも遠からぬ人物である。決してぽっと出の学者ではない。

しかも彼の手紙には、在独ソ連代表部の教育人民委員部と農務人民委員部のアタッシェたちが熱烈な推薦文を添えていた。曰く、この研究は「唯物論にとって非常に重要であります」「宗教的教説に対する決定的な一撃となり、教会勢力から労働者人民を解放する我々のプロパガンダ闘争に使えます」、云々。

ヒトと類人猿の間で子作りができるなら、それはヒトと他の生物との連続性を示すことになる。ヒトは神様が特別に作った存在だという信仰をぶっ壊し、ロシア正教会をぎゃふんと言わせることができる。そもそも格差の打破が、マルクス・レーニン主義のセールスポイントのひとつである。ヒトと類人猿を隔てる壁を壊せるなら、ヒトの種内の格差の壁をぶっ壊すなんてお茶の子さいさい。それを世界に先駆けてソ連がやったら、国の科学力とイデオロギーの優秀性を示すまたとないチャンスになる。

要するに、30年後の「スプートニク・ショック」の先取りである。成功すれば。

ルナチャルスキーは速断を避けた。1921年に始められた新経済政策(ネップ。部分的に市場経済を復活させた)が軌道に乗っていたとはいえ、まだまだ財政は不如意だった。ばくちみたいな理系急進主義に、どこまで与してよいものか。彼は初期ソ連指導部きっての文化人だったが、文学や演劇が専門で、自然科学にはシンパシーが薄かったともいわれる。

しかし捨てる同志《タワリシチ》あれば拾う同志あり。1925年4月、イワノフが帰国すると、関心を示す人々によって党の官僚機構が動き始めた。同年9月初め、研究予算支出の提案書が政府財務委員会に提出された。委員会はソ連科学アカデミーに外貨1万ドルの割り当てを勧告し、ほどなく政治局の重鎮レフ・カーメネフがこの案件にお墨つきのサインを与えた。ルナチャルスキーも同意し、1925年9月25日、政府の意志決定機関のひとつである労働防衛評議会が、予算支出にゴーサインを出した。

ソビエト連邦は、正式に国のプログラムとして、前人未踏の猿人創造に乗り出すことになった。

何でも掛け合わせてみよう

ハイブリッド研究を構想したイリヤ・イワノヴィッチ・イワノフ(1870〜1932)は、クルスク地方の上級官吏の家に生まれ、ハリコフ(現ウクライナ・ハルキウ)の大学で学んだ男だった。パリに私費留学して、パスツール研究所で微生物学を修めた。フランス語、ドイツ語ができ、西欧事情を知る当時のロシアの典型的なインテリと言える。残された写真を見る限り、豊かな髭と眼鏡の思慮深そうな顔立ちは、類人猿に喩えればチンパンジーよりもどこかボノボっぽい丸みがある。

帰国後、彼はサンクトペテルブルクの帝国実験医学研究所に入り、ポーランド人の著名な生化学者マルセル・ネンキのもとで生殖生物学をテーマに定めた。同研究所には、後に条件反射の研究で世界的に知られることになるイワン・パヴロフがいた。20代の若きイワノフもその研究の一部を手伝っている。

消化腺の生理学で業績を挙げたパヴロフがそうであったように、イワノフも実験手技に優れていた。彼は程なく、ウマの人工授精のエキスパートとして名を挙げる。彼が開発したのは、ナチュラルな交尾で射精された精液を牝馬の体内からスポンジで回収し、それを小分けして何頭もの牝馬の子宮内に特製のゴム管で直接注入する方法だった。

それまでも人工授精は行われてはいたが、不妊時の切り札という限られた意味しかもっていなかった。イワノフが切り開いたのは、積極的かつ大規模な畜馬改良の道、すなわち望ましい形質をもつウマの量産を可能にしうる方法だった。

伝統的な生殖方法にこだわる守旧派からの抵抗もあったが、実験医学研究所と帝国科学アカデミーは彼の研究を高く評価し、イワノフは国営種牡馬牧場での実験を許された。１９００年には皇帝ニコライ2世から多額の研究資金を下賜されている。よいウマを量産することは、当時は軍事的にも大いに意味があった。加えて、イワノフの手法はヒツジにも使えた。１９０９年、内務省畜産局はイワノフのための研究所をサンクトペテルブルクに設立する。設置の推薦人には、ノーベル賞を獲って間もないパヴロフもいた。

応用研究だけでなく、イワノフは基礎生物学にも熱意を燃やし続けた。生殖腺・生殖細胞の研究とともに彼が関心を寄せたのが、種間雑種の形成だった。種の壁は、どこまで堅固なのか。自分の人工授精技術で、どこまでその壁は突破できるのか。

ドイツ系の富豪フリードリヒ・ファルツ＝ファインの知己を得たイワノフは、ウクライナ南部アスカニア＝ノワにあったファルツ＝ファイン家の広大な私設動植物園での実験を許された。そこには、モウコノウマ、バイソンなどステップ地帯の動物のほか、ラクダ、シマウマ、ダチョウなどが飼われていた。彼はそこで、異種間人工交配に取り組んだ。ウマとシマウマの雑種が荷車を引いている写真が残されている。鳥の交配にも取り組んだらしい。

そんなイワノフに、いつ〈革命的〉なアイデアが兆したかはわからない。しかし彼は、どこかの時点で自分の研究の含意に気がついた。

人間だって、生き物じゃん。

アスカニア＝ノワの実験施設は1910年、イワノフ研の支所となった。その年の8月、オーストリア・グラーツで開かれた第8回国際動物学会（現在も続いている由緒ある学術大会で、2016年は沖縄で開催）で、イワノフは初めて自分のアイデアを口にした――ヒト精子で類人猿の卵子を授精させることができないだろうか。

おフランスでも大人気

ハイブリッドの可能性を表明した科学者はイワノフが初めてではなかった。だが、彼にはご自慢の人工授精技術があった。彼の発言には、それまでの人々とは違うリアリティがあった。

ただ、その時点でイワノフがどこまで本気で〈やる気〉だったかはわからない。もしも世界がそのまま続いていたら、面白いことを考える科学者という立ち位置で終わっていたかもしれない。しかし第一次大戦と、それに続くロシア革命が彼の研究者人生を変えた。虎の子のアスカニア＝ノワの実験場は、富豪の所有地だったため当局に接収された。サンクトペテルブルクの研究所も、政府諸機関のモスクワ移転のどさくさで雲散霧消した。

実績のある科学者として、イワノフは新政府からもそれなりの処遇を得たが、農務人民委員部がモスクワに新たに設立し、彼が属することになった中央家畜繁殖実験所は、資材もカネもすっからかんの無産状態だった。基礎科学実験なんて夢のまた夢。当時のイワノフの気分を代弁すれば、こんな感じだろうか。もう自分も五十男だし、このまま科学者としては何もできずに朽ち果てちゃうんじゃないだろうか、そんなのやだやだニェット。

イワノフが、ヒトと類人猿のハイブリダイゼーションという人類未到の〈偉業〉に前のめりになったのは、そんな研究環境悪化と焦慮のゆえだったかもしれない。一念発起した彼は、部下に頼んで霊長類学の文献を集めるとともに、海外の研究者に自分の着想を書き送り始めた。１９２４年、学術交流ミッションとして欧州旅行に出て、パリで古巣のパスツール研を訪れた折にも、フランスの研究者たちに自分の考えを語りまくった。

意外なことに、猿人話は大いにウケた。研究所を率いるエミール・ルーとアルベール・カルメット（それぞれ、ジフテリア抗血清やＢＣＧワクチンの開発で知られる偉大な医科学者である）は、イワノフの実験に協力を表明した――パスツール研がアフリカ・ギニアにもつ研究施設を自由に使ってもらっていいですよ。

この好意には、パスツール研側の事情が絡んでいた可能性がある。同研の人々は、ヒトに近い実験動物としてのチンパンジーの重要性に早くから気づいていた。第一次大戦の前夜にはすでに、チンパンジーの生息地である仏領ギニアに支所を設けることが検討されていた。戦後の1922年11月、パスツール研とフランス植民地当局は合意に達し、のちに「パストリア」と名づけられる広さ35haの施設が、ギニアの首都コナクリから内陸に100kmほど入ったキンディアの町の郊外に建設されることとなった。

ただ、資金難のため現地での研究設備の整備は遅れた。一方でチンパンジーはどんどん集まってくる。1923年に発足したパストリアはしばらく、本国にチンパンジーを送る〈配送センター〉みたいな役割に甘んじた。常駐する研究者もいなかった。設立目的からして、そのままではいけないのは明らかだった。

つまり、イワノフの話はパスツール研にとって「渡りに船」だった節がある。ソ連人が自分たちのカネで、研究者を送り込んでチンパンジー研究をやってくれたら好都合。麗しい国際協力の話にもなる。

イワノフがルナチャルスキーに手紙を書いたのは、フランスの科学者たちの好意的申し出を受けてのことだった。いわばパスツール研が、イワノフと猿人計画の背中を押したのである。

サーフィンUSSR

イワノフ・プランの本国での推進役となったのは、ニコライ・ペトロヴィチ・ゴルブノフというまだ30代前半の若手党官僚だった。大学で応用化学を専攻し，革命後にレーニンの秘書を務めた彼は，人民委員会議（内閣）の事務長としての仕事をこなすかたわら，たまたまイワノフが外遊から帰国した1925年，ソ連の科学研究行政を統括するポストを兼任することになった。

製紙工場を営む両親のもとに生まれたゴルブノフは，実務能力に恵まれ，政治的野心はあまりなかったが科学振興には大いに野心的だった。とくに探検旅行的なプロジェクトが好きだったらしい。パミール高原に未踏のソ連国内最高峰（現イスモイル・ソモニ峰。かつてはスターリン峰，コミュニズム峰と呼ばれた）が見つかった時には，自ら登山隊派遣計画を仕切っている。著名な植物学者ニコライ・ヴァヴィロフも，採集旅行の予算獲得で大いに世話になったという。科学アカデミーや政権要路に根回ししながら，彼は初期ソ連の科学者たちのパトロンとして働いた。

その目の前に，面白そうな計画をひっさげたイリヤ・イワノフがやって来た。ゴルブノフは大いに興味をそそられた。財務委員会への申請をはじめ，政府要人の支援をお膳立てし，最終的に予算をもぎ取ったのは彼の手腕とされる。

ある意味ゴルブノフは，革命という大波にうまく乗ることで，自分のやりたい仕事に国家レベルで打ち込めたラッキーな男だった。そんな彼を通じて，イワノフも大波をつかむことができた。イワノフは，自分の研究のために国のイデオロギーに乗っかることには躊躇しなかった。

予算が下りた直後，科学アカデミーで講演したイワノフは，自分のハイブリッド実験が「人類の起源，および遺伝学，発生学，病理学，比較心理学などの領域における課題」に貢献するだろうと高らかに述べた。アカデミー側も彼の目論見を高く評価した。

とは言え、計画が知られるにつれて、陰口をささやく人も出たらしい。ひとつの理由は、お上に取り入ってうまくやりやがったなコンチクショー、てなものだろうか。そんなイワノフを気遣った手紙を、ヴァヴィロフがしたためている。「あなたの旅に関する噂話に耳を傾けちゃダメですよ。お前らの知ったこっちゃない、ですよ！」

イワノフ先生アフリカゆき

1926年2月、イワノフはパリ経由アフリカ行きの旅に出発した。パリに数週間滞在しパスツール研の幹部と打ち合わせをした彼は、3月27日にギニアの地を踏む。

しかし勇んで赴いたパストリアは、聞きしにまさる有り様だった。飼育環境は劣悪で、これまでに捕獲されたチンパンジーの約半数がフランスに送り出される前に死んでいた。パストリアの職員たちは、そんな状況をイワノフが本国にチクるんじゃないかと戦々兢々としていた。

しかも現地のハンターは、親を殺して子供を取る、という手段でチンパンジーを捕まえていた（これはその後も長らく問題視されてきた捕獲方法である）。そのため、パストリアにいるチンパンジーのほとんどが繁殖可能年齢よりも下だった。精子は得られないし、女子も幼女ばっかり。こりゃだめだあ、とばかりにイワノフは一ヶ月足らずで現地を一旦引き揚げ、作戦の立て直しを図ってパリに戻る。

彼はパスツール研で飼われているチンパンジーを相手に、麻酔ガスと網を使った捕獲方法をテストする一方で、ギニア以外で実験ができる場所がないか、打診を続けた。結局それはうまく行かず、仕方なくイワノフは同年11月、再びギニアに向かう。前回の旅行で知り合ったフランス領ギニアの総督ポール・ポワレが頼みの綱だった。

イワノフとウマが合ったポワレは、彼のためにコナクリ郊外の植物園に実験所を用意してくれていた。生息地でチンパンジーを捕獲する遠征にも便宜を図ってくれた。今度の旅には、22歳になる彼の息子イリヤ・イリイチ・イワノフが同行していた。モスクワ大学で生化学を学ぶ学生である。パストリアがあてにならなかったので、信頼できる助手が欲しかったのだろう。

1927年2月までに13頭のチンパンジーが植物園の住人となった。彼らの寿命や、結核や寄生虫症などの疾患についての研究のかたわら、イワノフ親子はせっせと人工授精にいそしんだ。うまく行かねば俺と祖国の沽券に関わる。だがはたから見れば、動物の股間に器具でヘンなことをしているアブナイおじさんにしか見えない。チンパンジーたちは当然抵抗する。しかも手早くこっそりとやらねばならなかった。現地人職員に研究目的を知られて、反発を受けたくなかったためである。

そのために、彼は子宮直接挿管というお得意の授精技術をじっくりと試すことができなかった。間の悪いことに、伝染病に襲われてチンパンジーがバタバタ死んだ。同年6月時点で、授精実験ができたのは3頭のみ。そして、受胎告知は来なかった。

国からの研究資金は尽きていた。同年7月1日、傷心のイワノフ親子はコナクリを発つ船に乗る。

余談だが、人工授精に使ったヒト精子は、現地人のボランティアから得たとされている。イワノフは実験ノートをきっちり残していたので、それがたぶん本当なのだろう。アフリカの生き物はアフリカの人々の方が授精させやすい、という素朴な人種差別的感覚も存在していたといわれる。だが、息子のイリヤ・イリイチも提供したとの説がある。その場合、通常のほのぼのした文脈とはかなり離れて、「孫の顔が見たかったのう」とかイワノフは思っていたかもしれない。

アメリカのサポーター

ソ連の猿人計画の話は、遠くアメリカにも届いていた。イワノフがモスクワでアフリカ行きの計画を政府関係者と打ち合わせていた1925年春から夏、テネシー州デイトンでは有名な「スコープス裁判」が進行していた。同年3月にテネシー州で、公立学校で進化論を教えるのを禁ずる法律(バトラー法)が成立・発効し、これに目をつけたアメリカ自由人権協会(ACLU)が、同法の問題点を裁判で問おうとしたものである。

一枚噛んだのが、田舎町デイトンの知名度を上げて「町興し」を目論んだ地元実業家たちだった。さまざまな思惑の人々の尽力の甲斐あり、進化論を教えて被告になることを引き受けた高校教員ジョン・トーマス・スコープスが無事(?)逮捕され、裁判は全米のマスコミが注目する一大科学・宗教論争ショーになった。

ショービジネス界も関心を示した。ニューヨーク市の興業主は、宣伝を狙って、人間そっくりの仕草の芸をするジョー・メンディという名のチンパンジーをデイトンに送り込んだ。ジョーは格子柄の小粋なスーツにソフト帽、白いソックスに身を包み、町を闊歩する途中で立ち寄ったドラッグストアでは、やれやれ疲れるねえとばかりにコーラを一杯。どうです皆さん、ヒトと類人猿に、どんな違いがあるんでしょう?

そんな騒ぎの渦中に、正真正銘のヒトとチンパンジーの雑種がのしのし現れたら、サル山にキングコングを投げ込むみたいな恐慌状態に陥ったことだろう。科学ジャーナリストのエドウィン・スロッソンは、それが単なる絵空事ではなくなる具体的な可能性——つまりイワノフの研究の存在を、持ち前の情報網でキャッチした。

ワイオミング大学の化学の教員を経て、今で言う科学コミュニケーションの世界に進んだスロッソンは、スコープス裁判の当時、科学ニュースを配信する「サイエンス・サービス」——スクリップス海洋研究所にその名を残す新聞・通信界の大立者エドワード・スクリップスらが、科学教育・科学普及を目的に設立した団体——の運営責任者だった。進化論派の応援を買って出たスロッソンは、弁護団と連絡を取りつつ、ヒトと類人猿の連続性を裁判で証言してくれる専門家がいないか探した。引っ掛かったのが、イワノフだった。パスツール研のカルメットが教えてくれたのである。

裁判の一審は1925年7月21日に終わったが（スコープスは100ドルの罰金を言い渡された）、舞台は二審に移り、スロッソンはイワノフと猿人プロジェクトの話をあちこちに伝え続けた。

ハウエル・S・イングランドというデトロイトの法律家が、その話を聞きつけた。アマチュア生物学者でもあった彼は、スロッソンに連絡を取り、一肌脱ぐつもりになった。猿人が生まれたら、進化論反対派なんてぺちゃんこだ。そのために必要なのは、まずはカネだ。イングランドは、イワノフのために研究資金を募る計画をぶち上げた。目標額10万ドル。現在の邦貨で言えば億単位にはなろうか。

傍目で見れば、ソ連の科学者がアメリカの進化論教育を守る期待の星に祭り上げられる珍奇な事態が生じた。

怒れるクー・クラックス・クラン

もしも歴史の流れが少しズレていたら、ジョー・メンディに続いてイワノフがデイトンの町を訪れ、ダーウィニズムについて熱弁を振るっていたかもしれない。募金計画を知った彼は、最初のアフリカ行きからすごすごとパリに戻って間もない1926年3月、イングランドに手紙を書いた。自分が米国で講演旅行をしながら募金活動をすればどうでしょう。さすればドルががっぽがっぽと……。

イワノフは米国に知己が皆無ではなかった。後にノーベル賞に輝くアメリカの遺伝学者で、社会主義に傾倒していたハーマン・ジョセフ・マラーと顔見知りだった。1922年夏にベルリンで会ったときには、自分の研究環境の悪化をマラーにぶちまけている。

渡米が実現しなかった理由のひとつは、イングランドの腰が引けたためである。彼はイワノフに、現時点では米国内の宗教派の激しい反発が懸念される、最初のハイブリッドが生まれた後にその子とともにくるのがベストと考えられる、との返信をしたためた。猿人計画は、敬虔な人々の渋面だけでなく、少々ヤバいグループの不興を買い始めていた。

イングランドの募金は、「全米無神論振興協会（AAAA）」という団体を足場にしていた。名前の通りの趣旨で1925年秋に発足し、児童生徒を対象にした無神論推進のサークルを組織するほか、教会財産への課税強化、婚姻手続きの非宗教化、さらには合衆国のコインから「In God We

「Trust」の銘文を取り除くことを活動方針に盛り込んでいたことなどで知られる。

　1926年6月17日、ニューヨーク・タイムズがイワノフの計画と募金について紹介する記事を掲載した時、ニュースソースはこのAAAだった。「ソ連が進化論実験を支援」という見出しと相まって、記事は当時会員数百万人と勢威の絶頂にあった過激保守派クー・クラックス・クランの逆鱗に触れた。何い、反キリストの連中が共産主義者と手を組んでるだとう？　間もなく、クー・クラックス・クランのメンバーからイワノフに宛てて心冷え冷えするお便りが殺到し始めた。

　それは、イワノフのもう一つの希望も粉砕した。

　再度のギニア行きの前に、有望な実験場所を提供してくれるのではないかと彼が頼ったのは、キューバの富豪ロザリア・アブレウだった。プランテーション経営者の娘として生まれた彼女は、フランスやアメリカと本国を行き来しつつ、最新のファッションで身を固めた長身の美人で、幼い頃から動物を愛していた。愛するあまり、飼っていたハトが事故で死んだ時、悲しくて埋葬できず、泣きながら料理して食ってしまったという子供時代の逸話もある。

　夫(フランスに留学したキューバ人医師だった)を愛するのを止めてから、彼女はますます動物を愛するようになった。息子や娘と暮らすハバナ郊外の豪邸に個人動物園を作り、そこでさまざまな種類のサルを飼い始めた。1902年には最初のチンパンジーがやってきた。オランウータンがその後に続き、アブレウ邸は霊長類飼育センターの様相を呈した。

　彼女が実践したチンパンジー飼育法――とりわけ彼らの社会性と生態を尊重した広い空間と適切な食餌――は先進的だった。1915年4月27日、ここでチンパンジーの赤ん坊が生まれた。アヌマと名づけられたその男の子は、飼育下での繁殖で生まれた史上初のチンパンジーだった。

アブレウは動物学の正規教育を受けたことはなく、自分では論文めいたものは何も書かなかったが、世界中の研究者が一目置く存在となった。米国の霊長類学の泰斗ロバート・ヤーキスも彼女と文通し、1924年には訪問を果たしている。アブレウは動物たちを深く愛していたが、彼らの福祉に反しない限り、科学者の研究に提供することにやぶさかではなかった。

そんな彼女にイワノフが、「僕も僕も」とコンタクトを取るのは自然な成り行きだった。何しろ繁殖実績があるし、パストリアよりも研究環境はよさそうだ。

ハイブリッド実験をお宅でやらせてもらえませんか、という申し出に、アブレウは当初、好意的だったという。だが、まもなく心変わりする。原因がクー・クラックス・クランから彼女に届いた手紙だった。曰く、創造主をコケにするような実験にかかわるとタダじゃすみませんぞ。実験に伴う騒擾を怖れたアブレウは、結局、断りの返事をイワノフに返した。

再び傍目で見ればだが、現代の観点からすると科学の暴走超特急みたいな猿人作成実験に対して、クー・クラックス・クランが〈学外倫理委員会〉の役割を演じたと言えなくもない。史上稀に見る嫌な倫理委員会だが。

こんなこともあろうかと

1927年夏、手ぶらでモスクワに帰還したイワノフには、当然ながら風当たりが強くなった。アフリカでの実験を批判する声が挙がり、ソ連科学アカデミーは猿人計画から手を引いた。

しかし、いったんスイッチが入ったソ連政府とそのイデオロギーは、彼を見捨てなかった。新たにパトロンとなったのは、保健人民委員部（厚生省）だった。

出発前、手回しの良いイワノフは、本国に霊長類飼育施設を作る根回しを進めていた。チンパンジーの妊娠期間は、ヒトよりは短いがそれでも約8ヶ月ある。アフリカで授精が成功しても、おめでたまで現地滞在できるかわからない。〈妊婦〉を連れ帰って本国で出産・育児のケアをする場所が欲しい。候補地は、寒い祖国で最も温かい黒海沿岸。イワノフがギニアとパリをうろうろしている間、彼の同僚の生物学者、医学者たちが、その施設作りの仕事を続行していた。

耳を傾けたのが、保健人民委員のニコライ・セマシュコだった。早くからマルクス主義に傾倒し、モスクワ大学医学部在学中に逮捕されて放校処分になって別の大学で医学博士号を取り、スイス亡命時代のレーニンとも行動を共にした筋金入りのボリシェヴィキだったが、ゴルブノフ同様、政治家というより実務家肌の人物だった。初代保健人民委員に選ばれた彼は辣腕を振るい、「シラミが社会主義を打倒するか、社会主義がシラミを打倒するか」とまでレーニンが述べたロシアの劣悪な衛生状況を、乏しい医療資源の効率的配分によって劇的に改善させる実績を残している（中央集権化によるその医療システムは今日「セマシュコ・モデル」とも呼ばれる）。

彼は基礎研究に理解があった。乏しい予算から資金がひねり出され、イワノフが留守の間に、モスクワ実験内分泌学研究所の支所として霊長類飼育施設を設立することが決定された。場所は、スフミ（現アブハジア首都）。ソチと並んで帝政時代から保養地として知られた地である。これは、国立の霊長類センターとしては世界初のものだった。

１９２７年８月24日、イワノフがアフリカから連れ帰ったチンパンジーとヒヒからなる霊長類の第一陣がスフミ研に到着した。

残念ながら最初のチンパンジーたちは環境になじめず死に絶えてしまい、イワノフのハイブリッド研究もしばらく足踏みを強いられる。しかしその間、実験再開への地均《じなら》しが進められた。

施設作りを担った保健人民委員部と並んで、捲土重来を期すイワノフのもうひとつの支持母体となったのが、共産主義者アカデミーだった。帝政時代の科学アカデミーを継承したソ連科学アカデミーに対抗し、マルクス主義に基づく学問を推進すべく１９１８年に設立されたイデオロギー色の強い組織である。社会科学が主力だったが、自然科学部門も有していた。メンバーには、政府の要職を歴任し、『ソビエト大百科事典』の編集を手がけたことで知られるオットー・シュミットのような政権に近い大物科学者もいた。内部での学術論争はあったが、幹部たちは共産主義に基づく新しいソ連科学およびソ連人を創成する、という理想には〈萌え萌え〉だった。

ゴルブノフが再び仲介の労を執り、イワノフを交えたミーティングがもたれた。共産主義者アカデミーは、イワノフの計画に萌え要素が多くあるのを見出した。１９２９年４月、アカデミーは傘下の唯物論生物学会の中に「霊長類種間交配委員会」を設立し、実験計画は再スタートする。

友情、努力、共産主義勝利《カムニズマ・ペジョート》

しかしこの間に、実験方針は大きな転換を遂げていた。

イワノフの立場で図式化すると、こうだ——精子と卵子と、どちらが得やすいか。答え＝精子。

チンパンジー女性とヒト女性と、どちらが身近に多いか。答え＝ヒト女性。では、ハイブリッド実験は、ヒト精子×チンパンジー卵子と、チンパンジー精子×ヒト卵子とでは、どちらがやりやすいか。ちーん。チンパンジー精子×ヒト卵子！　さて、ヒト卵子をもっているのは、だあれ？

ヒト女性に参加してもらう方が、数が少なく人工授精も経過観察も難しい類人猿女性の協力を仰ぐよりもはるかに都合がよいと、イワノフは以前から理解していた。ギニアでも、現地人女性を相手にこっそりと試せないかと目論んだとされる。そして、それはソ連科学アカデミーが手を引く理由のひとつにもなった。要するに、被験者の同意を得ないでそんなことをやったらマズかろう。ソ連人民とアフリカ人民の関係にも、ヒビが入るではないか。

しかし、ソ連国内で飼育できる類人猿が少数であるのを勘案すると、本国で実験を継続するには、ヒト女性に参加してもらうのがぜひとも必要だ。新たな計画は外部には秘密裡に進められたが、実験内容をボランティアには隠さず伝えて同意を得ることになった。いずれにせよ、被験者はスフミ研で1年間、医師と共同生活をすることになるので、同意は不可欠である。加えて、共産主義者アカデミーは、報酬ではなくイデオロギーに基づいて志願する女性であるべきこと、という注文をつけた。

レニングラードのひとりの女性が応募してきた。Г（ゲー）という頭文字だけでしか知られないこの女性は、イワノフのハイブリッド研究とアフリカでの実験が不首尾だったのを新聞で読んで知っていたという。「この問題にずっと関心をもっていました」という彼女は、一方でイワノフ宛ての手紙の中で、「私の私生活はダメになり、これ以上生きている意味が見えません……でも、自分が科学のために役立つことができると考えたら、貴方に連絡をとる勇気が湧きました。どうか私を拒絶なさらないでください」。科学への興味と切羽詰まった事情を抱えた人だったと思われる。

切羽詰まっていたのはイワノフも同様だった。とにかく志願者を得て、準備は進められた。1929年初夏の時点で、スフミ研に生き残っている類人猿はオランウータンのターザン（26歳）だけだったが、その精子の活動性などのチェックが行われた。さあいよいよ……その矢先に、またまたイワノフに不運が襲った。

1929年6月、ターザンがまさかの脳出血を起こして死んだ。実験は延期を余儀なくされた。スフミ研は翌年の夏までに新たに5頭のチンパンジーを購入する予算を得たが、イワノフはそれまで待たされることになった。

そして、国際協調と未来主義に彩られた1920年代は終わり、ナショナリズムと密告・抑圧が幅をきかせるスターリンの1930年代がやって来ようとしていた。

おや、誰か来たようだ？

イワノフをはじめ旧世代の科学者には逆風が吹き始めた。若手による「造反」が、日常茶飯になった。イワノフも、当時所属していた実験獣医学研究所の職員や、かつて教え子だった助手から、「サボタージュと破壊行為」に手を貸しているとの言いがかりで批判された。

チンパンジーたちはスフミに無事到着した。だが、コウノトリは来なかった。かわりにやって来たのは秘密警察だった。1930年12月13日、イワノフは逮捕された。農業専門家たちの間に反革命組織を作ろうとした，というのが罪状だった。彼は5年間の流罪を言い渡されてアルマ・アタ（現カザフスタン・アルマトイ）の監獄に送られた。

幸いなことに，専門家を無闇に流刑にするのは，国家の発展にとってマズいとスターリンも気づき，1932年2月，イワノフは釈放され公民権を回復された。ただし監獄暮らしは還暦を過ぎた彼にはキツかった。

同年3月20日，イリヤ・イワノフはアルマ・アタで発作を起こし死去する。モスクワに帰らんとする旅立ちの前日のことだった。

ハウエル・S・イングランドはじめ西側の人々は，しばらくイワノフの死を知らなかった。ミシガン科学・芸術・文学アカデミーの会員として，1932年12月にニュージャージー州アトランティック・シティで開かれた全米科学振興協会（AAAS）大会に参加した彼は，人類学部門のセッションで期待を込めて語りかけた。曰く，イワノフ博士は1年以上前にモスクワを去ってトルキスタンに移り，そこでヒトとチンパンジーのハイブリッドを作る実験を行っている。彼が学界とのコンタクトを一切絶っているのは，成功が近い予兆だ。「イワノフが科学者や世間の度肝を抜こうと考えているのは明らかだ」。

1933年5月3日，モスクワ発AP電がイワノフの死を伝え，イングランドもまたメディアの視界から消えた。彼が頼りにしたAAAAは，相前後してどんどんエキセントリックになっていった。創設者で会長だったチャールズ・リー・スミスは，黒人差別，反ユダヤ主義，反共主義を叫び始め，そのあげく第二次大戦後に，戦後初の米国のネオナチ・グループといわれるナショナル・ルネッサンス党と友好関係を結び、クー・クラックス・クランとの区別がよくわからなくなった。

ゴルブノフは、イワノフと同じ頃に失脚した。いったんは復権して公務に戻ったが、結局逮捕されて、1938年に処刑された。

イワノフの申し出を袖にしたアブレウは、ハイブリッド作りそのものには終生前向きだった。遺言の中で彼女は、実験に自分の動物を提供してもよいと述べた。ただし、条件がつけられた——チンパンジー男性とヒト女性の交配に限る。理由は、ヒトの体格はチンパンジーよりも大きいので、ヒト男性による授精が成功して子供ができた場合、子供のサイズが大きくてチンパンジー女性の出産は苦しいものになるだろうから。

アブレウは、ヒトも類人猿も同じ枠組みで眺めていた。そして霊魂の不滅を信じていた。霊長類はヒトならずとも魂があり、それは個体死を超えて転生する。ヒトと動物の間でも、魂の転生は起こるだろう。そんな話をヤーキスに書き送っている。同じ平等でも、アブレウの信念は、ソ連共産党の信念とは全く異なっていた。そして、アブレウの遺志を、イワノフが享受することはなかった。

猿人創造計画は幕を下ろした。その記憶は、やがて時間の帳《とばり》の中に消えていった。

＊　＊

1983年12月、ソ連は生物実験衛星ビオン6号で、初めてサルを宇宙に送り出した。同国が地球周回軌道に乗せた初の霊長類であるガガーリン少佐の飛行から22年後のことだった。ビオンとアブレックと名づけられた2頭のアカゲザルの任務は、宇宙空間での生理学的変化をヒトに代わって報告することだった。このフライトは米ソ雪解け《デタント》時代に企画された国際協力プログラムで、心臓血管系の様子をモニターする機材は米国が提供した。2頭は無事地球に帰還したが、飛行中に体調を崩したビオンは地球に戻って3日目に死んだ。

彼らは、イワノフが作ったスフミの霊長類ステーション出身だった。

スターリン時代も第二次大戦も生き抜いたスフミの施設は、ソ連医学アカデミー付属の「医学生物学ステーション」を経て、1957年に「実験病理・療法研究所」となった。世界中から霊長類を集め、アカゲザルを中心とした7000頭の動物と1000人を超す研究者・職員を擁し、日本をはじめ西側の霊長類学者や医科学研究者も一目置いて訪れる巡礼地となった。そこでは感染症、癌、さらには放射線防護の分野で盛んな研究が行われた。発案者の当初の意図とは全く異なる形ではあったが、イワノフの猿人計画は、学術と国際協調の〈理想〉への贈り物となった。

残念なことに、ソ連崩壊に伴いスフミのステーションは分裂した。1992年、スフミに近いロシア領内のソチ南部アドレルに設けられていた支所に、所長だったボリス・ラピンはじめ多くの研究者が移り、ロシア医学アカデミー付属医学霊長類学研究所として再発足した。残ったスフミ研は、アブハジアのグルジアからの分離紛争を経て、アブハジア実験医学霊長類研究センターとなったが、昔日の面影はないと伝えられる。

パストリアは1930年代以降、研究者が常駐する医学研究所となり、ワクチンや血清の開発、熱帯病や毒ヘビの咬傷などの研究拠点となった。ギニア独立の翌年の1959年、当時2000頭の霊長類が飼育されていたパストリアはギニア保健省の管轄となったが、血清の供給・投与など医療機関としての機能にシフトし、予算不足もあって研究所としての機能は事実上停止した。

２０１４年12月、仏パスツール研とギニア政府との間に新たな合意が結ばれ、２０１６年末までに首都コナクリにパスツールの名を冠する新たな研究所を開設することが発表された。今度の目的は、エボラ出血熱対策である。

18　ゲンザイバクダン、私たちの現在——戦争末期の幻の和製原爆

夜を待って飛ぶのはミネルヴァのフクロウばかりではない。棺を蓋っても事が定まらず、よくわからない話がゾンビみたいに這い出てくることもある。原子爆弾を2発落とされ、日本が降伏してから1年ちょっと後、１９４６年10月3日の全米各紙にこんな記事が載った。曰く、戦争末期、日本も原爆実験に成功していた。場所は興南、朝鮮半島北部——。何だってーっ！聞いてないよそんなこと、と占領米軍も旧日本軍関係者も戦時研究に従事していた日本の科学者たちも思ったに違いない。でも念のため、連合国総司令部（ＧＨＱ）は、日本軍の要請で原爆研究に携わっていた科学者らを再聴取するハメになった。瓢箪から駒も爆弾も出ることはなく、騒ぎはほどなく収束した。日本が原爆を完成していたという報道は、混乱した時代の混沌を物語るエピソードのひとつとして、午睡の儚く淡い夢のように歴史の堆積の中に消えた……はずだった。

それから数十年。核実験に怒ったゴジラが海から突如出現したみたいな唐突さで、幻の和製原爆は埃っぽい公文書や新聞ファイルの片隅からのそのそと甦った。復活のきっかけは、米『サイエン

ス』誌が引き起こした論争だった。そして今もなお、思い出したようにメディアやネットの海の片隅を彷徨い、歴史研究者や秘史愛好家を面白がらせたり煩わせたりしている。

幻の爆弾の名前は、「ゲンザイバクダン(genzai bakudan)」。名前の素っ頓狂さに似合わず、背景設定が意外とシリアスなのは、初代ゴジラと似ているかもしれない。

見よ日本海の空明けて

記事の発信元は、ジョージア州アトランタの有力新聞アトランタ・コンスティテューションだった(現在は合併を経て The Atlanta Journal-Constitution になっている)。当日1面の題字上に、こんな大見出しが躍った。「日本が原爆を開発　科学者たちはロシアの手に(Japan Developed Atom Bomb; Russians Grabbed Scientists)」。中見出しには「実験は成功だった(Actual Test Was Success)」。

生き生きと、時に叙情的に、しかし抑制の利いた筆致で、記事は語る。終戦直前の1945年8月10日、朝鮮半島北東部沿岸の工業都市・興南《フンナム》(現在の咸興《ハムフン》市の一部)に近い山中の洞窟で、日本の原子爆弾の最終組み立てが慌ただしく行われていた。真夜中過ぎ、完成したゲンザイバクダン——それは原子爆弾(atomic bomb)を指す日本の言い方なのだという——は、トラックに載せられ、夏の夜に微睡む村を抜け、カエルの鳴き交わす水田を通り過ぎ、興南港へとひた走った。

すでに日本本土の工業都市は激しい空襲にさらされていた。開発計画を本国で進めるわけにはいかなかった。疎開先として選ばれたのが、日本統治下の朝鮮・興南だった。移転には3ヶ月かかり、その分完成は遅れた。

爆弾は、科学者・技術者らの手で船に積み込まれた。沖合の入江では人々が準備に狂奔していた。8月12日未明、爆弾を積んだ自動操縦の船が発進し、小島の浜辺に乗り上げた。退避した関係者たちは、自分たちの仕事がすでに手遅れであるのを知りつつ、20マイル離れた地点から実験の行方を見守った。

太陽が水平線に現れたその時、まばゆい閃光が走った。火球が膨張し、極彩色の雲が立ち上った。それはキノコの形になって天を目指した。「日本は、広島と長崎を打ち枯らしたのに匹敵する破壊的な原子爆弾を完成し、実験に成功したのだ(Japan had perfected and successfully tested an atomic bomb as cataclysmic as those that withered Hiroshima and Nagasaki)」。

だがソ連軍は間近に迫っていた。ゲンザイバクダンをカミカゼ攻撃機に積んで本土侵攻軍を迎撃つプランは、もはや時間切れだった。科学者・技術者たちは興南の洞窟にとって返し、機械類と組み立て途中の爆弾をすべて破壊し、洞窟の入り口をダイナマイトで封じた。しかし、熟練技師や科学者2万5000人を含む総計4万人の関係者がすべて撤収する余裕はなかった。朝鮮半島北部を占領したソ連軍は主だった人々を拘束し、中には逃げ出せた者もいたが、中心にいた6人の科学者・技術者は計画をあらいざらい自白するよう拷問を受け、モスクワに連行された。

……ほんまかいな?

戦い済んで日が暮れたけど

書いたのはデビッド・スネルというジャーナリストだった。母親のエイダ・ジャック・カーヴァーは郷里ルイジアナの暮らしを題材に作品を残した短編小説家で、息子のデビッドも学業半ばで文筆の道に進んだが、文弱とは程遠かった。1940年代前半、彼はアトランタ・コンスティテューションの記者をしながら、プロレスラーとして暴れ回った。リングネームは「ドラキュラ伯爵」。黒覆面の悪役《ヒール》として人気を博し、興奮した女性客からハイヒールで殴られたこともあったという。大学で医学を学んだ経験のある彼は、その成果を生かして白衣に聴診器姿の「ドク」というヒールも演じた。ウソのクロロホルムで敵を昏倒させる（襲われたレスラーはお約束で気絶のフリをする）のが必殺技だったそうだ。戦時中なのでレスリング界も人材が払底していたのかと思う。

レスラーはやめたが記者は続けた彼は、1945年から翌年にかけて軍務に就き、戦争終結後に朝鮮半島南部に進駐した米陸軍第24警務支隊所属の情報士官としてソウルにしばらく滞在した。兵役の最中も、彼はジャーナリストとしての活動が許可されていた。ソウルでの取材に基づき、帰国除隊後にアトランタ・コンスティテューションに寄せたのが前述の記事である。

記事は、原爆計画の防諜任務に就いていた旧日本軍の将校からの聞き書き、という体裁をとっている。その他のソースは記されていない。この将校は、本国への引き揚げ途中でソウルにいたという。スネルは記事中で、インタビューを米軍人としての聴取ではなく新聞記者として行い、日本の将校も公衆に向けて喋ることを了解していたと語っている。つまり、記事内容は米軍の公式見解ではないということだ。ただし、将校から得た情報は米軍情報部門に伝えてあり、彼の名前は取材源の保護とともに「軍からの要請」に基づき仮名にした、と思わせぶりな書き方をしている。

その将校「ワカバヤシ・ツェトゥスオ大尉（Capt. Tsetusuo Wakabayashi）」の名前のビミョーな綴

りや、さらにビミョーな「ゲンザイバクダン」という名称からして、スネルと彼の通訳が日本語能力検定試験でどんな成績を収めるかはわからない。しかしスネルは、母国の読者が抱く日本イメージは熟知していた。記事によると、インタビューはかつて神社だった場所で行われ（そこは引き揚げ者の宿泊所になっていた、という説明がされている）、話を聞きながらスネルと通訳は香り高い緑茶をすすり、そして黒縁眼鏡のワカバヤシ大尉はインタビューが終わった後、自ら彼らを戸口に案内し、深々とお辞儀をした。

鳥居、茶道、そして礼儀。かつて米国人がもっていた、典型的で理想的な日本&日本人像、すなわち「クール・ジャパン」の昔風バージョンの必須アイテムがそこにはあった。ついでに言えば、戦後間もないアメリカの新聞はまだ、日本人を敵として馬鹿にする「Jap」「Nip」という言い方をしばしば使っていたが、スネルの記事には、そうした表現は1ヶ所しか出てこない。それは、ロシア人が日本人を指して言っている場面だった。ジャーナリストとして彼は、ワカバヤシ大尉に代表される日本を丁重に扱った。

スネルの筆致は、「戦後」という新たな国際関係の世界にすでに自分たちが生きていることを、問わず語りに滲ませていた。日本はもはや敵国ではない。リングにノビた敵をさらに叩いても、それはヒールの所業でしかない。アメリカはヒールを演ずるべきではない。

スペルミスやオリエンタリズムや謎のワカバヤシさんに一杯食わされた可能性に目をつぶれば、スネルの記事は、新たな国際関係の中でのアメリカ人の心の不安のツボを突くものだった。

いつソ連が原爆をもつか。

今でしょ！　という怖い考えが、人々の脳裡を去来していた。核兵器の威力は自国が実証済みだった。スターリンは、米国による原爆の独占はやがて崩れるであろうと黙示録的な予言を口にしていた。

記事の中でスネルは、ソ連軍迫り来る中でのゲンザイバクダンの廃棄作業を「神々の黄昏（götterdammerung）」と詩的に表現していたが、もしも完成済みの原爆技術がソ連人の手に落ちたとするなら、それは神殺しを国是とする人々の曙光《モルゲンロート》を意味していた。

核戦争の恐怖に裏打ちされた冷戦が、幕を開けようとしていた。

「まったくのウソ」

スネルの記事の概要は掲載前に通信社の手によってリライトされ、10月2日にアトランタ発ＡＰ電、ＵＰ電（ＵＰはＵＰＩの前身）として全米に配信された。翌3日のアメリカの各紙はこぞって紙面を割いた。アトランタ・コンスティテューションの読者のみならず、北米の多くの人々がこの日、スネルのニュース・ストーリーに触れて謎のワカバヤシさんとの茶飲み話につき合うことになった。ただ、全米が沸いた！　とまで言うと若干無理がある。確かにセンセーショナルな話題だったが、アトランタ・コンスティテューションに比べると、各紙の扱いにはバラつきがあった。大見出しを掲げた新聞社もあったが、ベタ記事じみた扱いだったところもある。

理由は、ＡＰやＵＰが続けて配信した記事にあった。各通信社は、スネルの報告に対する軍高官らの反応を早速取材し、本記事と抱き合わせるように配信網に載せていた。それは日本の原爆成功説に疑念を表明するものだった。

マンハッタン計画の責任者レスリー・グローヴス将軍は、「もし本当ならとても興味深い」でも「私は初耳だ」と答え、陸軍省は情報担当・原爆担当の将校らがチェックしたが報道内容を確認できるものは何もなかったと発表し、ロバート・パターソン陸軍長官は滞在先のサンフランシスコで、もっとはっきりと「私は否定する」と述べた。

東京発のＡＰ電は、米日両国の科学者たちや米軍の情報将校らがこの話を笑いものにしていると伝えた。「正しいとする情報はない」（ＧＨＱ科学技術課・ハリー・ケリー博士）、「ありそうにない」（情報将校たち）、「まったくのウソ（It is a complete lie）」（原子核物理学者・仁科芳雄博士）。掲載紙によって異同があるが、仁科博士は続けて、日本の軍国主義者《ミリタリスト》は「ウソをつき、根拠も無くものを言ってきた」「興南でウラニウムを得る手段はなかった」「朝鮮でそのような実験は行われなかった。興南には肥料工場があった」とありったけネガティブなコメントを連発している。３日付新聞の中には、これら当局者や科学者たちが否定していることを見出しにした所もあった。

アトランタ・コンスティテューションも困ったろうが（同紙はけちょんけちょんの反応を翌10月4日付紙面に正直に掲載した）、東京のＧＨＱも困った。すでに米軍は、日本の原爆開発について調べており、終戦直後の１９４５年９月の報告書ですでに、一部に早合点のミスはあったものの、この分野の科学的取り組みが「合衆国の１９４２年の調査研究レベル」で、日本には具体的な原爆製造能力がなかったと述べていた。その後に行われた再調査でも、結論は同様だった。材料のウラン鉱石はまったく足りず、ウラン同位体を分離・濃縮するための理化学研究所の熱拡散装置は、１９４

5年4月の空襲でぶっ壊されていた。

ちなみに早合点のミスとは、日本政府と軍は核物理学の研究にプライオリティを全然与えておらず、原爆製造計画はもっていなかった、と1945年9月の段階では結論していたことである。実際には、マンハッタン計画には及びもつかない規模ではあったが、陸軍と海軍はそれぞれ、「二号研究」「F研究」という原爆計画を進めていた。二号の「二」は、アカデミア側を代表する理化学研究所の仁科博士の頭文字で、Fはfission（核分裂）から採ったとされる（文献により別の表記もある）。この事実をつかみそこねたのは、調査班が見に行った研究設備が母国の爆弾工場に比べて驚愕の貧弱さだったのと、占領開始直後の時点では日本側関係者も物言えば唇寒しで、口を閉ざして貝になりたいとか思っていたためではないかと思う。

原爆開発は、単なる構想レベルではなかった。日本は戦争末期、ウラン入手に取り組んでいた。外地での探査とともに、国内では福島県石川町に理研の関連会社が作られ、学校の生徒たちがウラン含有鉱石の採掘に駆り出されていた。同盟国ドイツにもウラン原料をねだった。ドイツもすでに神々の黄昏状態だったが、懇請に負けて、2隻の潜水艦（Uボート）で日本に送ることにした。1隻は沈没し、もう1隻のU-234号は航海途上でドイツが降伏し、拿捕された。艦名が悪かったと言う人もいる。日本が欲しかったのは連鎖核反応に好都合な同位体U《ウラン》235であり、U234ではない。なお拿捕時に、同乗していた日本の将校2名が艦内で自決している。彼らは欧州からの帰国を目指した航空関係の技術将校らで、たまたまウラン鉱石のお守り役になっただけだったが、日本の原爆開発は犠牲者を伴うシリアスな仕事だった。

でも、できないものはできない。ウランを濃縮し、さらに兵器に仕上げるプロセスは五里霧中に近かった。それは科学者が一番よくわかっていた。当時、理研で二号研究に携わっていた中根良平は、空襲で熱拡散施設が破壊されて二号研究が中止になったのと同じ頃、特攻隊員たちが、祖国が強力な爆弾を作りつつあると訓示されて飛び立って行ったという話を聞いたという。「私は申し訳なく、何ともいえない気持ちになりました」。戦後の回想の中で、彼はそう静かに述懐している。

ＧＨＱ係官たちはスネルの記事をハナから信ずるに足りぬと思っていたが、本国での報道を放置しておくわけにもいかない。改めて関係者から事情聴取することにした。日本学術会議の発足など戦後日本の科学行政に足跡を残したハリー・ケリーも駆り出されて、ゲンザイバクダンを巡るドタバタに足跡を残した。

あのー、もう一度お話を、みたいな問い合わせがＧＨＱから来たとき、京大の荒勝文策教授はピーター・フォーク演ずる刑事コロンボに目をつけられた重要参考人みたいにビビったかもしれない。陸軍の予算で原爆研究をしていた仁科博士と並んで、荒勝教授は海軍のＦ研究に深くコミットしていた。彼もまた、ありったけの否定の言葉をスネルの記事に叩きつけた。「間違いかつ空想的(false and fantastic)」。なにしろ原爆作りに役立ちそうな原子核物理学者たちはみんな知り合いだし(いなくなれば自分にわかる)、やっていたことは研究室レベルだったし、核分裂物質を精製するパイロットプラントは作れてなかったし、ましてや原爆の組み立てなんてとてもとても。

憤るイズベスチヤ

米国人は胸を撫で下ろした。日本製原爆は存在しない。ソ連は爆弾をもっていない。常套句で言い換えれば，ただちに危険はない。10月5日付の米紙には，続報としてソウル発ＡＰ電の記事を載せた所もあったが，それは興南であったとされる爆発は原爆ではなく，２０００ポンド爆弾を積んだ特攻兵器の実験だったのではないかとする軍関係者の推測を紹介するものだった。

安堵する米国人とは裏腹に，ソ連の当局者はムカついていた。スネルの記事は，海外にも配信されていた。インドの新聞まで，ロイター電でこの話を載せていた。ヤポンスキーの科学者と技術をパクッたと決めつけられては，偉大な祖国の沽券に関わる。とりあえず何か言っておかなくちゃいけないと，10月13日付のソ連紙イズベスチヤは，この記事を名指しして「田舎新聞の幻想」だとこき下ろした。

同紙の激越な批判を伝えたロンドン発ＡＰ電をアジテーション風味で訳すとこんな具合である。曰く，このような田舎新聞の幻想は，市場の要求に基づいて作られるのである。それを工作員どもが取り上げて世界中にバラ巻くのである。軍人や政治家の走狗，そして不安を醸成することでビジネス上の利益を貪る者どもが，こうした脅迫的なキナ臭さを立ち昇らせるのである。そいつらは，原子爆弾の独占とそれをチラつかせた外交で世界を脅迫してきた連中である。わかったか，ウラー。

でも，イズベスチヤの怒りは，後日談的なダメ押しでしかなかった。ビジネス上の利益を貪るアメリカのメディアは率先してスネル・レポートをこてんぱんにしていたし，ソ連だってワカバヤシさんか誰かから原爆をプレゼントされたら断るはずがなかった。

ソ連は，大急ぎで原爆作りを進めていた。外国の知的所有権に顧慮しない技術導入（スパイ行為ともいう）も英雄的にためらわなかった同国は、胡散臭いゲンザイバクダンよりマンハッタン計画の方が頼りになるので、米国内の情報提供者を大切にした。ただしニセ情報をつかまされると困るので、自前の追試は怠らなかったという。

仕事を任された物理学の大家イーゴリ・クルチャトフは、お目付役が粛清の大家ラブレンチー・ベリヤ副首相だったので、必成の願をかけて爆弾完成まであごひげを刈らないことにした。クルチャトフのひげが掃除用モップみたいになった１９４９年8月、ソ連はプルトニウム原爆の実験に成功した。コードネーム「РДС－1」は、開発秘匿名の「ジェットエンジンスペシャル（Реактивный Двигатель Специальный）」の略とされるが、その後「ロシアが自前で作る（Россия Делает Сама）」から採ったという話が生まれた。

カザフスタンの草原にキノコ雲が立ち上ったあと、米国のメディアでは、自国が核攻撃を受けた場合どうなるか、といった記事がブームになった。原爆戦の恐怖イメージは、その後長らく、レイモンド・ブリッグズの絵本『風が吹くとき』がアニメ映画になる１９８０年代後半まで世界を覆うことになった。桶屋になって儲けようと思ったかは知らないが、南部からニューヨーク市に移って、ニューヨーク・ワールド・テレグラム紙の記者になっていたスネルは、朝鮮戦争勃発後の１９５０年10月、同紙にワカバヤシさんから聞いた話を再び書いた。その時も通信社は律儀に配信してみたが、焼き直し記事に反応は乏しかった。

スネルは新聞をやめて１９５５年に写真週刊誌『ライフ』に移り、そこでシニアエディターとして活躍する。米社会の点景を描く定番コラムを執筆し、１９６７年には自分がアナフィラキシー・

ショックで死にかけた経験を綴った詳細な〈臨死体験〉レポートで評判となった。一方でゲンザイバクダンは忘却の川に流れて行き、地方紙の「25年前の今日はこんな記事が載った」なんて埋め草トピックに出てくる思い出話となった。

太平洋の眠りをさますサイエンス

1978年1月13日号の米科学誌『サイエンス』のニュース&コメント欄に、「核兵器の歴史：明らかになった日本戦時下の原爆計画(Nuclear Weapons History: Japan's Wartime Bomb Projects Revealed)」と題する記事が載った。それは米国の科学史家らの研究と、彼らからの資料提供に基づき、米国人にあまり知られていない戦時中の日本の核開発に改めてスポットライトを当てたものだった。

筆者デボラ・シャプレーは、宇宙のサイズをめぐる論争などで知られる天文学者ハーロー・シャプレーの孫で、マサチューセッツ工科大学の『テクノロジー・レビュー』誌の編集者を経て、当時は『サイエンス』のスタッフ・レポーターをしていた。冷戦の真っただ中の時代に子供時代を過ごし、学校で核攻撃に備えた地下壕への退避訓練をした経験のある彼女は、軍事科学や軍備管理について強い関心を抱いていた。

記事は、基本的には日本の原爆計画の事実関係を紹介するものだった。だが、書き方がちょっとばかり意地悪だった。知られていなかったことが明らかになったのでお伝えしましょう、という快感はジャーナリストにも研究者にも通ずる駆動力だと思うが、彼女はその「人々に知られていなかった」理由を、日本人が自国の原爆開発という〈不都合な真実〉にダンマリを決め込んできたせいだ、というニュアンスで紹介したのである。

曰く、核兵器の歴史の中で、第二次大戦中の日本の原爆開発は、あまり触れられて来なかった。ドイツの原爆開発にはナーバスだったのに、グローヴス将軍ら米軍当局者は、仁科博士や日本の大学の物理学研究室が中核になった原爆計画をほとんど知らず、かつ真面目《シリアス》に受け取っていなかった。「さらに変なのは、日本人自身がこの問題に沈黙のカーテン（curtain of silence）を引いてきたように見えることだ」。米軍調査団は、日本に原爆計画がなかったとミスった。また今日でも日本では、歴史家がそんな計画があったと言うと、多くの人々が信じられないという反応をする。シャプレーは問いかけた。「この沈黙って、何よ？（Why the silence?）」ノリツッコミのように彼女は続けて論じた。決して核武装国にはならないという戦後日本の政策が、かえってこの問題を議論するのを抑止してしまったのではないか。かくして戦時下の日本の原爆計画は「社会的秘密（social secret）」になったのだ。

さらにシャプレーは、もう一歩踏み込んだ。重要なのは、日本が原爆計画に失敗したことではない。日本が試みたことにある。「唯一の被爆国である日本が、核兵器の入手を決して追い求めてはこなかったというのは、歴史的に見れば不正確なのだ」。

『サイエンス』誌の記事には、科学史家で物理学者のデレク・デ・ソーラ・プライス（イェール大学教授）のコメントも挿入されていた。科学研究のパフォーマンスを数値化してとらえる科学計量学《サイエントメトリックス》の分野を切り開き、今日の科学者がインパクトファクター（論文誌の影響度）を気に病む文化を遠回しに下支えしている彼は、古代ギリシャのコンピューターといわれるアンティキティラ島沖で見つかった歯車機械（Antikythera Mechanism）の復元でも知られ、ついでに日本の原爆開発についても関心をもっていた。過去に『ブレティン・オブ・ジ・アトミック・サイエンティスツ』誌に、日本人研究者とともに、和製原爆開発についての情報を求める記事を寄せたことがある。

デ・ソーラ・プライスはこのように述べた。「第二次大戦中に日本が核兵器の入手を試みていた事実は、原爆投下をめぐってふくらんできた日米間の道徳的・倫理的関係を変えるものだ。日本はイノセントで咎がなく、アメリカには罪があり、米国人は恐ろしい新兵器を開発して、すでに無力だった日本を原爆で手込め（atomic rape）にすることに進んだ、というストーリーをである」。下品に超訳すればこういうことだ。ニホンのミナサン、いい子ちゃんぶってんじゃありませんよ。

男は黙って核開発？

シャプレーの記事は、スネルの記事と同様、またまたアメリカ人の心の不安のツボを突いた。ただし今回のツボは、誠実な人々が感ずる道徳的ないたたまれなさに根ざしていた——日本への原爆投下は、果たして正しい行為だったのだろうか。投下しなくても、フォール寸前の日本は降伏したのではないだろうか。都市部に投下して大量殺戮を引き起こす必要はあったのだろうか。反戦・反核運動の盛り上がりは、自国史へのリビジョニズム（歴史見直し論）にエネルギーを注入していた。原爆使用がより多くの人命を救ったとする公的な信条には、ひびが入りかけていた。

アメリカは、まだ生乾きのベトナム戦争の傷に疼いていた。一方で、日本の元首相・佐藤栄作は、1974年のノーベル平和賞に輝いていた。授賞理由は、彼へ授与することが核兵器の拡散を防止するのに役立つ、というものだった。日本の非核政策は、大量の核ミサイルを抱えた超大国へのアンチテーゼだった。

不安のツボはもうひとつあった。それは、日米間の経済バランスの変化だった。1975年に仏ランブイエで開かれた第1回先進国首脳会議に出席した三木武夫首相は、壁の花のようにつつましく目立たなかったが、日本の工業力は伸び盛りの子供のように市場を席巻しつつあった。アメリカの貿易収支は、1975年度に最後の黒字を計上した後、赤字に転落していた。赤字幅は1977年度に一気に前年の4倍に拡大し、以後それが経済構造の基調となる。米国の議員たちが、落ちぶれたトール神のようにハンマーで日本製品を叩き潰して憂さを晴らす時代が間近に迫っていた。

日本だってやってたんじゃないか、という話は、一種のカタルシスをはらんでいた。ヒロシマ・ナガサキという〈スティグマ〉に真面目に向き合う人々にとっては、癒しであり赦しであり、認知的不協和の解消だった。眼前の経済闘争のただ中にいる人々にとっては、日本の脅威の再確認だった。繊維、鉄鋼、テレビ、自動車を手際よく作る奴らだったら、その昔原爆をこしらえて我が国を攻撃しようとしていたとしても、不思議じゃああるまい。

シャプレーの記事は、メディアの注目を集めた。スネルの記事と同様、掲載前にピックアップされ、ニューヨーク・タイムズ・ニュースサービス電やUPI電で配信された。それらは1978年1月7日付ニューヨーク・タイムズはじめ米国内の新聞に載った。ついでに日本の新聞もそれを見て転電した。アメリカ人同様、多くの日本人にとっても、自国の原爆開発についての詳細はそこそこ珍しい話題だった。知っている人は知っているが、しかし今だって零戦や戦艦大和のような知名度はない。失敗した計画に風は立たない。アンチ・ロマンにしかならない。

論争が巻き起こった。論点のひとつは、日本の原爆開発が秘して語られてこなかった、という主張への異議だった。シャプレーにとって間が悪いことに、まっさきにそうした物言いを述べたのは、マサチューセッツ工科大学のチャールズ・ワイナーだった。冶金学から科学史・科学論に転じ、遺伝子組み換えの安全性を巡る市民・科学者の動向の調査でも知られる彼は、シャプレーの記事に、日本の原爆についての新たな事実を明らかにしつつある正義のアメリカン・ヒーロー(?)的に登場した主要な研究者のひとりだった。

ワイナーは言う。確かに日本国外では、この問題についてはあまり知られてこなかった。だが、自分の研究に日本の物理学者や歴史家たちは自発的に情報提供をしてくれた。また、日本の科学者たちが第二次大戦中に核兵器を作ろうと試みていた話は、日本では一般向けの刊行物にも載っている。つまり、戦時下の核開発の問題に日本人自身が「沈黙のカーテン」を引いてきたと主張はできない。「ヒロシマ・ナガサキに核爆弾を投下した決定は、人道的・道徳的見地から長らく批判されてきた」「日本に戦時下の核計画があったからといって、そうした批判を歪めたりお払い箱にはできないし、すべきではないのだ」。そのように述べてワイナーは、シャプレーやデ・ソーラ・プライスとは異なる正義と真実とアメリカン・ウェイの側に立った。

敗北を抱きしめる日本を愛おしく抱きしめてきた歴史学者のジョン・ダワーも、シャプレーの記事に早速かみついた。記事掲載の数ヶ月後にアジア研究者の専門誌に発表した論文の中で彼は、日本の原爆計画は日米のさまざまな文献ですでにおおやけになっている話であることを詳細な文献リストとともに改めて強調した。この問題に触れた最も早期の英文の論文は1949年に遡り、日本では仁科博士を取り上げた子供向けの偉人伝の本の中にまで原爆開発が登場している。どうしたら日本が意図的に隠してきたと言えるのだ。とともにダワーは、シャプレーの記事が、経済的緊張の中で頭をもたげた反日感情に素材を供給するものだと批判した。

ちなみに、当の理化学研究所からして、別段秘密にしていたわけではなかった。「理化学研究所ニュース」第9号（1969年6月）には、「理化学研究所におけるウラン濃縮に関する研究」と題した記事にこんな記述が見える。「日本でも陸軍が原子爆弾の開発を考えました。その依頼を受けて仁科研究室では熱拡散法という方法でウラン濃縮の研究を行ったのですが、濃縮どころではない段階のうちに終戦を迎えてしまったというわけです」。第25号（1970年10月）では、放射性鉱物の専門家としてウラン鉱石の探索・入手に携わった飯盛里安（執筆当時は名誉研究員）が、「軍部から大河内所長宛に原爆の研究を依頼してきた」「このようにして私共もいつの間にか原爆研究の渦中に巻き込まれていたのである」と書いている。

草食系のカフカ

ダワーは、原爆開発につながるドイツの取り組みを、アメリカの調査団が自国のそれに比して「滑稽（ludicrous）」なほどささやかな規模だったと述べていることを挙げつつ、日本の科学者たちの取り組みはドイツのそれと比べても「滑稽」だったという評価を与えている。滑稽の2乗な日本の核研究は、ダワーに言わせると戦争末期にはさらに出世して「カフカ的クォリティ（Kafkaesque quality）」となった。理研の研究棟の中で微量の六フッ化ウランがしみじみと造られる傍ら，腹ぺこの研究員たちは敷地に生える食える野草の検出に目をこらし，物理学界の重鎮・長岡半太郎は原爆研究は資源と時間のムダだと軍の雑誌で公言してはばからず，反体制派だとにらまれた物理学者・武谷三男はぶち込まれた特別高等警察の牢屋の中で仁科から頼まれた数値計算にいそしんでいた。

がんじがらめの城の中で断食芸人がどんなに頑張っても，核物質を使用可能な形に変身させるのは，どだい不条理な話だった。

余談だが，ドイツの核開発に対する米軍の調査は，一種見境のないくらいに徹底したものだった。ドイツの原爆開発計画を調査するために，マンハッタン計画の一部として戦時中にすでに「アルソス（Alsos）」という専門機関が立ち上げられていた。これは駄洒落系コードネームで，マンハッタン計画の指揮官グローヴス（Groves＝木立，森）のギリシャ語訳だった。徹底さのエピソードとしてはこんなのがある。

1944年9月，ライン川に進出した米軍部隊が川の水を瓶詰めにして本国に送った。上流に原爆開発プラントがあれば放射能が検出されるだろうというわけである。ただ，ジョーク能力でも枢軸側を圧倒する米軍は，その優位性をいかんなく発揮し，将校のひとりが「こいつの放射能も調べてくれ」とラベルに書きつけたフランスワインの瓶を一緒に送りつけた。

ウケを狙った悪ふざけだったが，困ったことに河川水のサンプルはネガティブだったのに，ワインはわずかな放射能を帯びていた。てんやわんやの極秘緊急電報がワシントンとパリの間を飛び交い、欧州で枢軸側原爆計画の調査にあたっていたアルソス機関の科学者リーダー、サミュエル・ゴーズミット(もともとオランダ人なのでハウトスミットとも表記される)は頭を抱えた。彼には、地質学的にフランスではミネラルウォーターが微弱な放射能を帯びることがあるのがわかっていたが、出たもんは出たんだ、調べないといかんと主張する本国側に押し切られてしまった。

ゴーズミットから南仏プロヴァンス(問題のワインはマルセイユ北方のルシヨン産だった)に行くよう白羽の矢を立てられたのは、米ノースウェスタン大学の准教授から軍務に転じていた物理学者のラッセル・フィッシャー少佐だった。フィッシャーはこのムダくさい任務からしばらく逃げ回ったが、観念して現地に出かけてワインを漁りまくった。いきなりやって来たアメリカの軍人がワインに目がないのに目を丸くした地元のワイン商たちは、これは軍服は着ているが本職は同業者で、抜け目なく戦後のワイン取引再開を期して立ち回っているのだろうと解釈し、どしどしサンプルを提供した。おかげで仕事ははかどり、フィッシャーは代表的な銘柄のワインに加え、ブドウ、畑の土壌、河川水などのサンプルをかき集めた。たぶん意趣返しのつもりもあったろうが、ゴーズミットは集まった試料をフィッシャーの報告書とともにワシントンにまとめて送りつけた。あとでゴーズミットはマンハッタン計画のお偉方から、ジョークを見抜けなかったお前が悪いと八つ当たりの譴責を受けて大いにクサった。

日本の原爆開発の再調査を行ったのは、ワイン騒ぎに巻き込まれたこのフィッシャーだった。彼はスネル・レポート以前の1946年5月までに、前年の調査が見落としていた組織的活動をいくつも明らかにした。ただし、日本に原爆が作れなかったという結論は変わらなかった。同年夏には、改めて朝鮮半島に調査班が送られている。ウラン鉱石の探査・入手活動は存在したが、朝鮮半島内でそれ以上の原爆研究が実施された痕跡はなかった。研究能力のある科学者もいなかった。

甦ったバクダン

シャプレーは、スネルの1946年のレポートには触れていない。「ゲンザイバクダン」という妙ちくりんな兵器名も彼女の記事には出てこない。だが、記事が米国の学術界に論争を引き起こし、その余韻がゆっくりと広がっていくうちに、スネルの記事は再発見されることになった。

再発見したのは、ノンフィクション作家のロバート・K・ウィルコックスだった。マイアミの新聞社勤めを経てフリーランスになった彼は、トリノの聖骸布の謎を巡る作品で単行本デビューし、さらに軍事ものを得意分野としていた。彼はシャプレーの論考を伝えるニューヨーク・タイムズの記事に目を止めた。そして、大いに興味をそそられて、調査を開始した。日本の戦時下の原爆開発とは、どんなものだったのか。首都ワシントンの公文書記録庫をあたるうちに行き当たったのが、スネルの記事だった。

ウィルコックスは以後、スネル報告が本当だった可能性をベースにして調査活動にのめり込む。1980年には日本を訪れ、原爆計画に関わりをもった人々にインタビューをした。ただし、あまり歓迎はされなかったようである。彼は、日本の原爆計画がかなり進んでいたことを立証できないかと思っていたし、そんな意図を隠さない率直なインタビュアーには、誰でも警戒するだろう。でもめげない彼は、精力的に占領米軍の文書をはじめとする記録に目を通し、意図はともかくとして、また間違いもあったが、一般向けに書かれた英文の本としてはかなりまとまった文献リストを備えた本を書き上げた。

１９８５年に出たその『日本の秘密戦争』で、ウィルコックスは冒頭にスネルの記事の要約を載せた。そこには、「ゲンザイバクダン」の文字が躍っていた。同書は、基本的には原爆開発計画のあらましと興南の工場施設の正体を追う物で、毒々しい陰謀論が全面に押し出された筆致ではない。ウィルコックスは巻末近くで自分の調査について、「日本人が原爆を作ったことを信ずるに足る十分な証拠はいまだない」と正直に書いていた。だが続けて、終戦間際の興南の爆発は通常の爆発物によるものだったとしても、核分裂実験の一環だったかもしれないし、放射性物質をばらまくことを目的とした初歩的な核兵器だったかもしれないと述べて、読者の気をそそることを怠らなかった。『日本の秘密戦争』には、デ・ソーラ・プライスが序文を寄せた。論調は『サイエンス』誌の記事の頃と変わらなかった。それは、イェール大学教授の肩書きつきで、ウィルコックスの仕事にお墨つきを与えるものだった。「日本で、続いて北朝鮮で、多くのことが進んでいた証拠をロバート・ウィルコックスは嗅ぎつけた。今や私は、もしも戦争が続き、トルーマンがそれをアメリカの爆弾で終わらせる決断をしていなかった場合、カリフォルニアへの原爆攻撃（カミカゼ小型潜水艦で運ばれる爆弾で）が実際のものとなったかもしれない可能性から、個人的には逃れることができない」。１９９５年には、米公文書館の新公開史料の調査を加えた改訂版が出たが、デ・ソーラ・プライスの序文はそのまま残された。

臥薪嘗胆、実に30余年。封印は解き放たれた。ウィルコックスの本は、ゲンザイバクダンに新たな命を吹き込んだ。ウィルコックスの本は、決して大向こうの人気をさらったわけではなく、手厳しい書評にも見舞われたが、日本の原爆完成説を扱った英語圏におけるほぼ唯一の成書として、必ず言及される地位を得た。

ちなみにウィルコックスの本が出た1985年は、先進5ヶ国蔵相会議の場で「プラザ合意」が取り交わされた年である。その後、日本はバブル経済の絶頂へ向かって突き進んでいく。

脳内核拡散と現実の核拡散

1998年、東アジアの現代科学技術史を専門とするウォルター・グランデン(ボーリング・グリーン州立大学)は、シャプレーの記事やウィルコックスの著作に触れつつ、スネル・レポートを検証する論文を発表した。それは、スネルが主張しウィルコックスがほのめかした興南での原爆開発を、改めて否定するものだった。すなわち、実際に存在した興南の軍需工場の中で最高機密レベルの高度な施設は、「NZ」という秘匿名がつけられた海軍の注文による液体ロケット燃料の製造設備だった(ウィルコックスもその存在は書いている)。そして、それらの設備は、敗戦直前、ソ連軍が侵攻してくる前に破壊された。ソ連軍が、日本の軍人・民間人ら幹部6人を拘束して訊問したのは事実である。ただし、それは原爆にからんでのことではなく、捕らわれたのはこの「NZ」秘密施設に関わっていた人々だった。

ちなみに、乗り込んで来たソ連軍は興南の軍需工場、なかんずくロケット燃料製造施設がタッチの差で破壊されていたことにがっかりして、腹を立てた。捕らえた軍人や民間人技術者らに対して、資産破壊を容疑事実とする茶番のような軍事裁判が行われた。なぜ茶番だったかと言うと、有罪になった者はシベリアに送られ、無罪になった者はやはりシベリアに送られたからである。

グランデンは、スネルの原爆説を、「薄弱な神話」と述べた。同時に、それが命脈を保っているのは、米国による原爆投下の決定を巡る道徳的問題のためだろうという指摘で、ワイナーやダワーの見解を踏襲した。

だが、いったん甦ったゲンザイバクダンは、21世紀に入ると、とくにテレビの世界で、ブームじみた活況を呈することとなる。

韓国の文化放送(MBC)は2005年6月12日、歴史ドキュメンタリーシリーズ「今言うことができる」で、興南での核開発疑惑を取り上げた。「終わっていない秘密のプロジェクト――日本の原子爆弾開発」と題するこの回は、原爆計画に実際に関わった科学者や、科学史研究者、評論家、当時の興南にいた人々など韓日米の人々へのインタビューに、風船爆弾のCGや特攻隊、広島原爆などの記録映像を交え、戦時下の日本の核開発を多角的に取り上げたものだった。

番組は、短時間だがアトランタ・コンスティテューションの記事の見出しを映し出し、スネルとワカバヤシ大尉のインタビュー場面の再現映像も入れて、興南での核開発疑惑に触れた。ただし、否定的なコメントも併せて紹介している。ちなみにタイトルの「終わっていない」というのは、番組が戦後日本の核武装への懸念をも取り上げたものだったからである。

後を追うように、米ヒストリーチャンネルは2005年8月16日、「日本の原爆」と題するドキュメンタリーを放送した。やはり当時を知る日本の物理学者らへのインタビューに基づき、仁科チームの研究などについてレポートしたものだったが、こちらは基本的にはウィルコックスの『日本の秘密戦争』に大きく依拠した作りになっていた（彼は制作のコンサルタントを務め、自身も出演している）。冒頭と後半には、ＭＢＣよりもさらに長尺の凝った再現シーンが挿入されていた。スネルがワカバヤシ大尉にインタビューをする場面だけでなく、バクダンが運ばれるシーン、そして日本の軍人たちが閃光から目を守る眼鏡を装着して核爆発を見守るシーンも、スネルの記事をなぞるように作られていた。

続けて日本のテレビ朝日「ザ・スクープスペシャル」も２００６年８月６日放送の回でスネル・レポートを取り上げ、さらに韓国ＭＢＣは再度、人気娯楽ドキュメンタリー番組「神秘ＴＶ・サプライズ」２００８年５月25日の放映回で、「最後のＵボート」と題してＵ-２３４による日本へのウラン原料の輸送作戦を取り上げた。そこでも潜水艦内の再現シーンとともに、８月12日の爆発の話が、現実の核爆発の記録映像を背負って登場する。

謎のゲンザイバクダンは、映像の世界に進出した。そしてそれはたぶん、みたび、人々の心の不安のツボに食い込むものだった。

２００３年１月10日、朝鮮民主主義人民共和国は核不拡散条約からの脱退を表明した。２００５年２月には、核兵器の保有宣言を行った。韓米日のテレビ番組は、北朝鮮の核兵器開発の進展とタイムラインを食い合うように放送された。

そして２００６年10月９日の朝、咸鏡北道吉州郡豊渓里で地下核爆発が起こった。それは、興南（咸興）から北西に１５０㎞ほどの地点だった。

現在でもゲンザイバクダンは、その不思議な面立ちを、ときどきメディアに覗かせる。最近では2013年6月5日、ウラジオストクの週刊誌『コンクレント』のウェブサイト（Конкурент.ru）に「いかにしてソ連はアメリカへの核攻撃を防いだか」と題する記事が載った。翌週には『The Voice of Russia』日本語版にもサマリーが掲載された。咸興に日本の秘密の核開発施設があり、ソ連軍が侵攻する直前の1945年8月12日の夜、日本軍士官たちが実験段階の装置を船に乗せ、自らを犠牲にしながら爆発させた。それは広島型原爆と同じ規模の威力をもち、日本本土に侵攻する米軍に対して使われたかもしれないものだった。「かくして、ソ連は日本人による核攻撃からアメリカを救ったのである」。ストーリーはおおむねスネルの記事を踏襲していた。ただ、細部の微妙な異同とともに、それはソ連の義挙という話にモディファイされている。

＊　＊

幻想の中のゲンザイバクダンが完成し、興南港に向かった1945年8月11日、現実世界の東京の理研の敷地では、研究員の玉木英彦と中根良平が並んで空を見上げていた。首都圏を管轄する東部軍管区からは、警戒警報が発令されていた。JOAKラジオのアナウンサーは、米軍機がみたび「新型爆弾」を投下するかもしれぬと放送していた。「二号研究」に携わっていた玉木も中根も、その場合何が起こるか、熟知していた。玉木は、「東京にも原爆を落とすかもしれないね」と言った。中根は「それでは防空壕に入っても駄目ですね」と答えた。

2人は、しばらくずっと、空を眺めていた。

アメリカの爆弾は品切れで、玉木は東大教授となり、中根は理研の副理事長となった。スネルは1972年に『ライフ』誌が最初の停刊をした折にフリーランスとなった。亡くなる前に、1946年のレポートについてウィルコックスから訊ねられたが、「ファイルをなくしてしまったし、単純に思い出せないんだよ。なにしろ昔の話だからね」と答えた。しかし、ワカバヤシ大尉の本名は明かせないけれど、彼が爆発の大きさを示したジェスチャーは覚えていると述べた。

彼の記事とゲンザイバクダンは、その後一部から思いがけない評価を受けた。ストックホルム国際平和研究所の所長を務めたフランク・バーナビーは2005年、グリーンピース・インターナショナルで反核キャンペーンを担当していたショーン・バーニーとともに執筆した論文の中で、ゲンザイバクダンの名前を挙げて、その実験が成功したという話は極めて疑わしいとしながらも、「日本の核兵器計画を確認した、英語で書かれた最初の報告は、〔筆者注：1946年〕10月3日付アトランタ・コンスティテューションに載ったデビッド・スネルの記事である」と述べた。

シャプレーは、『ネイチャー』誌のワシントン支局に移ったのち、米国科学者連盟（FAS＝マンハッタン計画に参加した科学者らが中心になって結成された平和運動団体）の初代広報部長を務めた。1993年に彼女が書いたロバート・マクナマラの伝記は評判になった。今は首都ワシントンのマサチューセッツ通りの景観保全運動に取り組んでいる。

ウィルコックスは、何冊か戦史・軍事ものの本を出したあと再びトリノの聖骸布に戻り、2010年に放射性同位元素による年代測定など最近の知見を盛り込んだ謎解き本を書いた。そこでも彼は、結論を読者に任せるスタイルを採った。

現実の爆弾を作ったロバート・オッペンハイマーは、ゲンザイバクダンの記事が出た翌年の１９４７年、マサチューセッツ工科大学で行った講演で述べている。「私たち物理学者は原罪を知ってしまいました。それをなかったことには、できないのです（The physicists have known sin, and this is a knowledge which they cannot lose）」。

人々の人生が、核の妖精に魅入られたように交錯するこの巨大な「グランドホテル」の中で、私たちはこれからも、得体の知れない物語をつむいで行くに違いない。東宝映画『ゴジラ』（１９５４）の山根恭平博士（演・志村喬）のセリフにならえば――あのゲンザイバクダンが、最後のゲンザイバクダンだとは思えない。ゲンザイバクダンの同類は、また、世界のどこかに現れてくるかもしれない。

補 遺

本書では、超兵器の概念をなるべく広くとった。取り上げた話題の共通点は、それらが「型破り（unconventional）」だという点である。兵器や戦争についての在来型の思考を踏み倒して、フリーダムにもほどがあるアイデアで戦ったり夢想したりした事例集である。現代の兵器開発が科学と密接にかかわるため、多くの話題には科学者も登場する。これらは軍事と科学のダメなマリアージュを拾い上げた珍談奇談集と言ってよいかもしれない。ともに、西洋の進んだ科学技術力に根ざした兵器に対峙すべくエスニックな文化の在庫をもって立ち向かった事例や、イデオロギー、陰謀論にかかわる話題も取り上げている。すなわち在来型の自然科学の枠を超えた超能力や呪術も話題に含めた。

今日の私たちが超兵器を考える意味、ないし視座は、たぶん３つある。

１つめは、科学技術と社会との関係を考える素材としての役割である。現代の実際に検討され開発が進められた戦争・軍備開発の場には、必ず科学技術と科学者・技術者、そして予算を握る政治家・官僚が存在する。そこには科学技術上のミスコンダクトもある。あるいは科学技術への無理解もある。さらには戦時下の科学者の生き方なども含めた科学技術と社会との関係の現場が、超兵器という〈現象〉に集束して現れる。

たとえば、科学者の自由な発想は人類の進歩を力づけると私たちは思う。発想を制限するのは愚かなことだし、そのための環境を整えなければならない。そのような主張がなされる。そして軍備開発、とくに戦時下のそれは、ある意味でその〈理想的な環境〉を、限られた目的（敵を倒す）に奉仕する応用科学としてではあれ、目一杯野放図に実現した空間だった。さまざまな構想が練られ、予算が投じられた。

通常兵器以上に超兵器は、きわめて特殊な接点であるとはいえ、そうした科学技術と社会との連関のまたとない現場である。超兵器は、あとから眺めるといかに阿呆に見えても、常識の束縛を断ち切ってイマジネーションの限界に挑む試みであり、ヒトの構想力が最大限発揮されてきた分野である。たいていは現実に裏切られるとはいえ、しかしそれゆえに、そこにかかわった科学技術、および科学者・技術者・政治家の動作を、特殊であるがゆえに純粋なかたちでのケーススタディとして、岡目八目で眺める機会を私たちに与えてくれる。

2つめは、超常的な主張を考察する材料としての意味合いである。兵器開発全般につきまとうことだが、開発や運用の秘匿性は一種の秘儀性を醸し出す。そのため軍事はしばしば、陰謀論の培地となる。軍人はただ単にヤバい兵器に取り組んでいるだけなのに(?)、それに尾ひれがついてとんでもない文化現象を惹起することは、本書では取り上げなかったが米軍の秘密偵察機の実験基地エリア51(最近ようやく存在を認める公文書が出た)が宇宙人飛来説の温床になってきた事例を想起すればよい。ニューメキシコ州ロズウェルに空飛ぶ円盤が墜落した、米軍はそれを隠蔽した、という陰謀論も有名である。

自国ないし外国政府の面々が何かよからぬ悪だくみをしているのではないか。それ自体は健全な疑いでありうる。だが、しばしばそこから副効果として陰謀論が生まれてくる。これはたぶん、政治・軍事行為の秘匿性がはらむ構造的な問題である。秘密保護法は陰謀論業界を活気づけるかもしれない。構造的レベルまで考えることで、私たちは超常的な主張に対する免疫をよりしっかりともつことができる。

3つめは、きわめて人間的な側面である。大規模自然災害の時にしばしば「あれは兵器実験だった」「攻撃だった」という陰謀論が語られる。そこに働く心理的機制を考えることができるかもしれない。つまり、生存・生活上の主要な考慮点が人間関係(交通事故もそうだ)である空間に生きている私たちは、人知を超えた災害に対しても、社会心理学で言う帰属(attribution)の過程をヒトに対して行ってしまう。そうすることで「腑に落ちる」。そして大規模災害のレベルの事象は誰でもおいそれと起こせるものでないのは重々承知しているので、責任者は国家や軍隊であり、彼らが超兵器を使用したという結論にならざるを得ないのである。

さらに、超兵器というイメージは、しばしばストレスフルな戦時下や他国との競争でとくに劣勢に立った時に出現する。絶望が愚者の結論であるのと同様に、私たちは切羽詰まると、希望にすがり、現実の希望が乏しい時は妄想に走る。常識のリミッタを外し、状況を打開する新兵器を渇望する。軍事の〈異次元〉化である。

それは、私たちが我が身を省みる材料でもある。

序　ロッパとシュペーアと高周波爆弾（書き下ろし）

映画『勝利の日まで』は、サトウ・ハチローらが脚本を書き、成瀬巳喜男が監督し、円谷英二が特撮を担当した作品である。海軍から慰問用映画として発注されて、1944年8月に撮影が開始された。同年3月に発売された同名の戦時歌謡（サトウ・ハチロー作詞、古賀政男作曲）を主題歌としている。ちなみに、デビュー前の手塚治虫は、戦争末期に同じ題名の習作を描いている。当時お馴染みの漫画キャラクターたちが登場し、ニューヨークを航空機で爆撃して一矢報いるのだが、それは夢だったというストーリーである。

1　ドイツ帝国対魔法の水（2011年11月号　※各項の年・号は月刊誌『科学』（岩波書店）での掲載号）

霊的な力で銃弾を無力化しうるという信仰は、19世紀から20世紀初頭の世界各地でみられた。アフリカでは他に南部アフリカでの武装蜂起（チムレンガ）などで、また北米では霊力のある衣服（ghost shirts）がラコタ人（スー族）の人々に用いられた。

1990年代のリベリア内戦では、私兵集団の中に戦闘に際して靴以外は全裸になる部隊がいた。そうすることで敵の銃弾が水に変わるとされて、兵員の士気を高めたといわれる。リーダーだったジョシュア・ブライという青年には、「お尻丸出し将軍（General Butt Naked）」という渾名が奉られた。ただし、名前の印象とは異なり、伝えられる彼とその部隊の行動はかなり陰惨なものだった。

2　翔べ！　鶴羽船《ハクウ ソン》（2011年2月号、3月号）

李圭泰（1933～2006）は延世大学化学工学科卒業のジャーナリストで、『朝鮮日報』に1983年から没年まで「イギュテ・コーナー」というコラムを長期連載した。鶴羽船の話題も、このコラムで執筆している。

なお薩英戦争（1863）で英軍はロケット兵器を使用した。現在のアメリカ国歌には米英戦争（1812～1814）における英軍からのロケット攻撃が歌い込まれている（And the rockets' red glare, the bombs bursting in air）。当時のイギリスのロケット兵器は、インドのロケット兵器を原型として開発された。日米両国の国家像の形成にインドのテクノロジーが関与した、と考えることもできる。技術の世界史に対する影響は重層的である。

3　象山のテクノリテラシー（2012年7月号）

易は、古くから軍事との関連性がある。創立を平安時代とも鎌倉時代ともいい、日本最古の高等教育機関のひとつとも言える足利学校は、室町時代後期から戦国時代にかけて多くの学生を集めたが、そのカリキュラムの売り物のひとつが易学だったという。戦乱の世では、判断に困ることが多い。判断ミスの代償は計り知れない。命がけである。そうした、悩める武将たちのための判断サポートシステムとして、易は重宝された。易学に通じた人材が求められた。要するに、当時の足利学校は、就活に役立つ実践的なスキルを教えていたわけで、それが教育機関としての名声を高める結果につながっていった、というわけである。

もちろんそうしたかたちでの易は、不確定な未来をより確実化することを期待される「占い」の側面が強調されることにはなるだろう。それでもたとえば、「アメリカの有名大学でＭＢＡをとった」という人の判断が、何となく尊重されるのと同じことがあったのではないかと思う。

4　清末の超能力戦争（２０１2年9月号）

義和団の団民が銃弾に当たらないとの信念で、戦闘時に果敢に突入してきたことは、当時現地にいた日本の武官の日記にも記されている（守田利遠『北京籠城日記』石風社、２００3年）。

なお、満州の旗人であり官兵として戦った父親がこの事変で命を落とした作家の老舎は、１９６０年に戯曲『義和団』を書いたが、この作品は後に修正を経て『神拳』と改題されている。

5　東條首相の「力学」（２０１1年7月号）

中谷宇吉郎と北大チームが軍部の依頼で行った戦時研究の残骸（零戦の翼）は、敗戦により谷間に投棄され、北海道新聞の記者による場所特定の後、倶知安風土館チームが２００4年に回収し、現在同館で展示されている。

6　おうい毒雲よ、どこまで行くんか（２０１5年1月号）

２０１4年9月24日、米政府はバイオテロに使われそうな病原体や生物毒の研究のガイドラインの公式版をリリースした。15種類からなる「ヤバいものリスト」が掲げられている。①高病原性鳥インフルエンザウイルス②炭疽菌③ボツリヌス神経毒素④鼻疽菌⑤類鼻疽菌⑥エボラウイルス⑦口蹄疫ウイルス⑧野兎病菌⑨マールブルグウイルス⑩再生スペイン風邪ウイルス⑪牛疫ウイルス⑫ボツリヌス菌・毒素産生株⑬天然痘(大痘瘡)ウイルス⑭天然痘(小痘瘡)ウイルス⑮ペスト菌。

7　007ハゲるのは奴らだ!(2014年1月号)

米CIAの話なのに英国のスパイ物にあやかったタイトルはいかがなものか、と思われた向きもあろうが、以下は言い訳。CIA長官を務めたアレン・ダレスと007シリーズの作者イアン・フレミングは友達で、CIAのスパイ道具の中にはフレミングの小説にインスパイアされたものがある。

8　月をぶっとばせ(2013年3月号)

1960年前後、米軍が月面に軍事基地を設置する研究を行っていたことが秘密指定解除された文書から明らかになっている。考慮された用途には、地表や宇宙空間の監視偵察とともに、月面から地球を爆撃するシステムも含まれていたが、真剣に検討するには実用性が乏しかった。

なお月面の軍事利用は、1966年12月に国連総会で決議され各国が批准した「月その他の天体を含む宇宙空間の探査及び利用における国家活動を律する原則に関する条約」によって禁止されている。

9　馬鹿が空母でやってくる(2013年5月号)

パイク以前に、1932年、ドイツ・ワルデンブルクのA・ゲルケ博士なる人物が民生目的だが同様な提案をしているとの記事が米国の雑誌や新聞に掲載されている。とくに、その製造方法が、①冷凍機を搭載した船を用意し、②浅海の海底でパイプを縦横に組み上げた後、③そこに船の装置から冷媒を流してパイプ周囲に氷塊を作り、④大きくなって浮かんだ氷塊の上に冷凍機を設置し、⑤この冷凍機を稼動させ続けることで温暖な海域でも氷を維持する、というものだったのは注目される。ハバククは当初のパイクリートを使うプランから、カナダでの実験時に冷凍機を使う設計に変更されたが、仕様変更はこのドイツ人のアイデアを誰かが読んでいたためかもしれない。

なおゲルケ博士は氷山飛行場だけでなく、防波堤やダムもこの方法で作れると述べたほか、スイスの湖で沈没船の船殻の裂け目を内側から氷で塞いで浮上させたとしている。面白いアイデアだけど実用性がどこまであるのかなあ、と思いつつハッと胸に手を当てると、現代の日本人は事故った原発の汚染水をせき止めるために凍土壁をえっちらおっちら作ろうとしている。

ちなみに、空想、というより流言のレベルだが、大革命後のフランスと英国が敵対していた1798年初め頃、フランスが巨大船を建造して英本土に攻め込んでくるという話が英国民の間で飛び交った。大砲600門を備え6万人の兵員を載せることができ、外輪と風車で推進する化け物みたいな船だという想像図も描かれた。もちろんそんな事実はなく、まもなくこの巨船騒ぎは収まった。翌1799年にクーデターで政権を握ったナポレオンは、その後もっとまともな船隊による作戦で英国に侵攻するプランを練ったが、洋上のイギリス海軍がむちゃくちゃ強いのは知られていたので、フランスの発明家たちは続々とまともでないプランを持ち込んでナポレオンを煩わせた。一度に3000人を運ぶ超大型熱気球、というのはまだマシな方で、カレーからドーヴァーに巨大な橋をかける、英仏海峡トンネルを勝手に掘っていきなりケント州にわらわらと現れる、等々。ハバククが理性的に見える。

なお本文でははっきり書かなかったが、パイクの死因は自殺である。

10 動物兵士総進撃(2012年5月号)

本文で触れたコウモリ爆弾と同じ作戦は、ルネサンス期の欧州でも考えられたことがある。16世紀ドイツの砲術家フランツ・ヘルムが残した文書の中にあるのだが、まず攻撃したい城または都市のネコを捕まえてくる。その背中に燃焼剤の入った嚢を背負わせ、点火してから放す。するとネコは元いた場所に戻り、目標の城市に放火することになる。ハトもこのような攻撃に使える。

帰巣する習性を利用した誘導弾である。これらの文書は、ペンシルヴェニア大学図書館の学芸員ミッチ・フラースによって調査され、2013年に発表されて知られることになった。ヘルム文書のネコやハトの挿絵が、まるで噴射するロケットを背負ったように見えるので、「ロケット・キャット」という名前がついている。ただし、ヘルムが実際にこの作戦を用いた史料は見つかっていないという。

なおフラースによると、ヘルム以前にも、ネコや鳥を使った同様な放火兵器が紀元前3世紀頃のインド、10世紀ロシアなどに見られることが他の研究者によって報告されている。

20世紀中葉から組織的に軍事利用される動物に加わったものに海棲哺乳類がいる。ハンドウイルカやカリフォルニアアシカが代表的な種である。機雷の探知、港湾基地や艦船に対する海からの侵入者・接近者の警戒、海中での物品の回収などを任務とする。米海軍は1950年代末にイルカの軍事応用に乗り出し、動物学者らと協力して、ハワイとサンディエゴに訓練と研究のための部隊をもっている。イルカ部隊はその後、ペルシャ湾に派遣され活動してきたとの話がある。旧ソ連はクリミア半島のセバストポリ西郊の半島部カザーチヤ・ブフタ(コサック湾)に同様なイルカ部隊を1965年に設置した。ソ連崩壊後、同部隊はウクライナ軍が運用していたが、2014年3月のロシアによる一方的なクリミア編入に伴い、ロシア黒海艦隊に所属することになった。

ただ両国とも、機雷除去や設置など攻撃的任務にはイルカは今後使わない方針だと伝えられる。動物保護が社会の声となり、また水中作業ロボットの性能が上昇しているためである。

11 晴れのち曇り時々破滅(2014年10月号)

人工的な気象災害として語られるものに、1952年8月に英デヴォン州北部リンマスで起き、35人の死者を出した洪水がある。これが英空軍が当時実施していた降雨実験「積雲作戦(Operation Cumulus)」によるものだという根強い主張がある。政府は当該地域でその時点で実験を行っていたことはないと否定したが、英BBCは2001年、当時の空軍の日誌などから、やはり実験は行われていたとの報道をした。ただし、リンマスは過去にも洪水に見舞われており、また当時の英国西部の気象データではいずれにしても広範囲で大雨が降る状況だった。同国の著名な気象ジャーナリスト・気象史家のフィリップ・エデンは、降雨剤撒布の効果は「二束三文(ha'porth)」だと述べている。

12　メークラブ、ちょっとウォー(2015年5月号)

向精神性薬剤を軍事的に利用する研究としては、CIAの「Project MKULTRA」が知られる。また米陸軍は、対象を無力化するための薬剤(LSD、BZなど)の研究を行ってきた。後者については、1950〜1970年代にその当事者だった軍の研究者が、詳細な思い出話を次の本にまとめている。James S. Ketchum: Chemical Warfare—Secrets Almost Forgotten, AuthorHouse (2012).

13　起てデジタルものよ(2013年11月号)

2006年、チリ出身で米インディアナ大学の研究者エデン・メディナが、『ジャーナル・オブ・ラテン・アメリカン・スタディーズ』誌に"Designing Freedom, Regulating a Nation: Socialist Cybernetics in Allende's Chile"と題する論文を書いて、ようやく私たちはサイバーシン計画の全体を眺める機会を得た。メディナの調査・研究はその後、2011年に『サイバネティック・レヴォリューショナリーズ』という本に結実した。本稿は彼女のこの労作に依っている。

なお、ウィルフレッド・バーチェットは、被爆後の広島に最初に入った西側ジャーナリストとして知られる。

14 黙って座ればピタリとスパイ？（２０１５年６月号）

超心理学は、その母体となった近代心霊主義の時代から統計学と縁が深い。フランスの生理学者シャルル・リシェは、アレルギー研究でノーベル賞を獲った人物だが、１８８０年代に伏せたカードを被験者に当てさせる超心理学的実験を行い、その際に今日のランダム化比較試験に通じる先駆的な手法を開発した。また、統計学史に輝く英国のロナルド・フィッシャーは１９２０年代、同様にカード当て実験の結果の統計処理について論文を書き、それはイギリス心霊研究協会(Society for Psychical Reseach)の紀要で発表された。彼は３回、同協会紀要に寄稿している。当時の学界の大御所ピアソンに嫌われて干されていた時代で、論文の発表場所が限られていたせいかもしれないが。

ある現象が本当にあるのか、言い換えれば統計学的に有意(significant)なのかどうかを示す指標に「*p*値」がある。その値が０・０５未満、すなわちたまたま「ある」ように見えただけで実際には存在しない確率(危険率)が５％よりも下ならば、その研究結果には意味があり、論文として発表して業績にしてよろしい、とする風習はフィッシャーに始まるものである。*p*値は、超心理学を含むさまざまな分野の学者に愛用されてきた。

２０１５年２月、『基礎・応用社会心理学(Basic and Applied Social Psychology)』誌は、今後「*p*値」を使った研究論文は載せないと宣言した。より詳しく言えば、帰無仮説有意性検定手順(null hypothesis significance testing procedure)を使わないように、とのお達しである。同誌の編集者は、この話題を伝える英誌『ネイチャー』の記事の中でこんな風に述べている。「*p*値が０・０５未満という基準はあまりにユルくて、低品質な研究をしばしば許していると私たちは思ってるんです」。

代わりに『基礎・応用社会心理学』誌は、「効果量(effect size)」を示すことを推奨している。平たく言えば、*p*値はその現象が存在しているかどうかを示すだけだが、効果量はその現象がどれだけ「力強い」かを見るものである。

このようなp値の問題点、そして効果量を重視せよとの主張は、４半世紀前にはすでになされていた。耳を傾けていたひとりが、准教授時代のジェシカ・ウッツだった。彼女は超心理学実験のメタ分析、また１９９５年のＡＩＲ報告書で評価対象としたスタンフォード研究所の実験とそれを引き継いだ民間会社の実験データの分析で、効果量に目配りした検討を行っている。

ウッツは２０１６年１月にアメリカ統計学会第１１１代会長に就任予定である。彼女は超心理学に好意的だが、それ以上に統計学の発展に意欲的である。現在、高校・大学での統計学教育の充実、社会一般への統計リテラシーの普及に熱意を燃やしている。

思うに超心理学の意味とは、それが取り扱う現象の有無にあるのではない。むしろそれが他の専門分野に与える〈文化的〉な影響力にある。超心理学的現象は、仮にあるとしても、これまでの研究や利用を試みたプログラムの顚末を見れば、それは日常の心理的・物理的場面ではとるに足りないものだろう。逆に、あるかないか微弱でわからないレベルのものだからこそ、それをデータの中から検出できるかどうかという「問い」を生み出し、統計学に刺激を与えてきた。ときには、統計学者を鍛えてきた。

透視能力やら念力やらよりも、そうした効果の方が、実は目に見えるずっと「力強い」かたちで、私たちの現実の科学・技術・社会に影響を与えている。その〈効果量〉の見積りが難しいとしても。

お前は超心理学研究についてどう思っているのか、と問い詰めたい人がいるかもしれないので、蛇足を書かせていただいた。

なお、スタンフォード研究所で超心理学研究に取り組んだプットホフ（Puthoff）には、「パソフ」という表記も広く見られる。彼とタークの共著が日本の研究者によって邦訳されて以来、定着した表記といわれる。ここでは、本人の米国での講演会での司会者の発音などに基づきプットホフとした。

15　魅惑のデス・レイ（2014年5月号）

電磁波や粒子線に見切りをつけて、異なる手段でデス・レイが作れないか考えた人もいる。若い頃にブロンロの研究室を訪れて、N線の虚構を暴いたアメリカの物理学者ロバート・W・ウッドは、その経験からアヤシゲな光線には信頼を置かず、超音波でデス・レイをこしらえることにした。1927年の雑誌『ポピュラー・メカニックス』の伝えるところでは、彼は可聴域をはるかに超えた音波で、水槽の中の魚や、ハツカネズミを殺し、植物を枯らすことに成功したという。記事の筆者は、これを使って潜水艦の乗員を無力化すれば平和への脅威が除かれるであろうと論じているが、だいたいこうした新兵器は、ピースキーパーなどと呼ばれるものである。なお、ウッドの超音波発生装置が、対人デス・レイに応用されたという話はない。

16　地震は兵器だ！（2012年2月号）

紙幅の関係で割愛せざるを得なかったが、陰謀論業界（?）で気象兵器とされて有名なものに「高周波能動型オーロラ研究プログラム（High Frequency Active Auroral Research Program）」がある。略称の「HAARP」の方が通りがよい。電離層に地上から電波をぶつけて、その性状を精密に把握する計画だが、資金は軍予算から出ており、空軍とアラスカ大学などのジョイント・プログラムだった。

研究の引き金になったと目される人物による特許情報などを読む限り、軍が予算を通過させた思惑としては、この研究を通じて軍事通信技術を発展させられないか、さらには電離層へのエネルギー付加によってそこを通過する弾道ミサイルに影響を与えるシールドができないか、てなものだったのではないかと推測される。ただ、そうした電離層への介入で、より下層の大気にも影響を及ぼし気象改変にも使える、などと特許情報では話を〈盛って〉いたので、問題視した環境問題活動家らから、HAARPは破壊的な気象兵器を目指しているとの〈お墨つき〉を得てしまった。やがて話はさらに広がり、HAARP

はマインドコントロールに使えたり、地震も引き起こすことができるようになった。

そんな超兵器なら、運用者は世界を思いのままに操れるはずだが、議会の歳出委員会を操ることはできず、2014年に予算は打ち切られて、HAARPはシャットダウンした。だらしない超兵器である。

なお戦時下に米軍戦略情報局（OSS）が日本本土で地震を起こす、およびそれを心理作戦に使う計画をもっていたとの話がある。ネットで出回っている文書（"Psychological Warfare Earthquake Plan"：米国立公文書記録管理局の Declassification Project Number は NND 857139 で、これは1942年から1946年のOSS本部や在外拠点などの文書のセット番号）を読む限り、沖縄の占領や原子爆弾についての記載があり、広島への原爆投下以降の終戦直前の作成と思われる。文献の引用など、そこそこよく調べてはいるが、地震を起こしそうな断層を見つけ出してそこに爆弾を落とす、などフィジビリティにかなり問題があることを問わず語りに述べている。そのためと思うが、人工地震を起こしうる理論的可能性を知らしめることによる心理的効果を狙うというのが結論となっている。印象としては、優秀な学生が締め切りに追われて苦し紛れにまとめた期末レポート、といった観がある。少なくとも、これをもって米軍が地震戦を本気で考えていたとは言いづらい。

17　**マルクス、モン・アムール**（2015年4月号）

1932年、モスクワのボリショイ劇場は10月革命15周年を記念して、社会主義の栄光を讃えるオペラ制作を企画した。作曲を担当したのは、気鋭の音楽家ドミトリ・ショスタコーヴィチ。しかし新時代のソビエト精神に満ちあふれたものになるはずだったこの作品は、最初からつまづいた。台本を頼まれた革命詩人デミヤン・ベドニーが、同年5月の入稿〆切を落としてしまったのだ。

焦りまくったボリショイ劇場は面目を保つため、①有名作家で②筆が速そうなやつ、という条件にかなう人物を血眼で捜した。泣きついた先がアレクセイ・トルストイだった。火星旅行ものなどのSF作品や、童話『おおきなかぶ』で知られるトルストイは、コンビを組む作家アレクサンドル・スタルチャコフと共作するなら「革命と社会主義建設を通じた人類の発展をテーマにした4幕か5幕からなるオペラ台本を11月1日までに仕上げられる」と自信たっぷりの安請け合いをした。ショスタコーヴィチもこの変更には前向きな返事をした。

だが、革命期を描いたヒロイック・ファンタジーという劇場側の当初構想は、時間の制約と作家たちのSF精神の炸裂によってばりばりと脱線していった。舞台の焦点となる〈人物〉は、レーニンでも労兵英雄でもなく、サルとヒトの間に生まれたハイブリッド・キャラになった。オペラの題名は『オランゴ（Оранго）』。あからさまにオランウータンを連想させる名前だった。ストーリーは革命の偉業そっちのけで、科学の暴走と社会との軋轢を描くフランケンシュタイン・スタイルの風刺悲喜劇に成り果てた。

残されている台本のあらすじは、こんなものである。フランスの生物学者エルネスト・ウローは、知性を示すルフという名前の女性類人猿を、ヒト細胞で胚胎させる研究に取り組んでいた。計画をかぎつけた右翼系新聞人のアルベール・デュランは、これぞ神をおそれぬしわざだとプレス・キャンペーンに走る。秘密裡に研究を続けたウローは、受胎のしるしを示したルフを、南米にいる友人の生物学者ジャン・オウルのもとに送る。

間もなく第一次大戦が勃発し、オウルとの連絡は途絶えた。だが戦争が終わって間もなく、軍用外套を着た、がっしりした体軀で腕が長く野人的な雰囲気の男が、ウローのもとに現れた。男はジャン・オウルの養子だと名乗り、オウルは死に、自分は兵役に就いてドイツ軍と戦ってきたが、この先どうしたらよいかわからぬのだと告げた。彼ジャン・オウル2世、またの名をオランゴこそ、ウローの生物学実験の成果、ルフの息子だった。

ウローのもとパリで暮らすことになったオランゴは、もらった金をバーで飲んでしまうだらしないダメ野郎に見えたが、どっこい文才があり、飲んだくれるうちに見込まれて新聞社で働くことになった。

その新聞『太陽』は、愛国ジャーナリストとしてレジオン・ドヌール勲章を貰い、パリ言論界の大立者となっていたアルベール・デュランの会社だった。

　激越な反ドイツ言説に加え、投資マインドを刺激する株価予測の記事で大衆的人気を勝ち得たオランゴは、政治からファッション・トレンドまで左右する社会の寵児に成り上がった。彼はデュランの右腕を務めるようになり、やがてその後釜に座る。

　サルからメディア太閤に出世したオランゴは、自分をこの世に生み出したウロー博士の娘ルネー（ソルボンヌ大学に学んだ才媛）に言い寄る。だが、本格小説の筋書きが常にそうであるように恋は実らない。あっさり振られる。ただし理由は、身分や階級やDNAの違いではなく、世界に対する気構えの不一致だった。ウロー父娘は、大戦中に見た盲目的愛国主義《ショーヴィニズム》に嫌気がさしていた。象牙の塔にいたたまれなかった父エルネストや、父の友人の海軍軍人とともに、ルネーは共産主義とソビエト政権のシンパになっていた。

　オランゴはロシアに旅してみるが、社会主義の成果に不愉快を募らせただけで、ますますソ連が嫌いになった。帰国後にロシアからの亡命美人と結婚したものの、だんだんとオランゴの顔立ちは人間からサルめいてくる。

　ある日、街角でルネーに出会った彼は、その獣性を暴発させる。つけ回し、家に押し入り、ウロー博士を絞め殺し、失神したルネーを抱きかかえて何処かへ。

　このあたりで台本草稿は終わっているのだが、『補江総白猿伝』から『キング・コング』に至るまで、とにかく怪猿は女子をさらわないといけないようである。そんな文化的伝統に忠実である。

　早い話が、10月革命15周年に胸をふくらませて劇場にやってきたボリシェヴィキなお客様たちが暴動を起こしそうなくらい、革命にも社会主義建設にも関係がない革命的な作品だった。ボリショイ劇場がどの時点で台本をチェックしたかわからない。だが、事前の宣伝をうっておきながら上演はキャンセルされた。トルストイらの決定稿が、前任者同様に期日に遅れたという事情もあったが、このオペラはなかったことにされ、スターリンの大粛清時代と大祖国戦争(独ソ戦)を経て、すっかり忘れ去られた。

２００4年、ショスタコーヴィチの遺族とともに文献資料を調査していた音楽史研究家のオルガ・ディゴンスカヤが、モスクワのグリンカ記念音楽博物館で、忘却されていたこの作品のスコアを見つけ出した。プロローグの一幕分しかなかったが、その後フィンランドの作曲家がその一幕を再構成して、上演可能な作品に仕立て上げた。

２０１1年にロサンゼルスで初演された『オランゴ』は、続いてモスクワ、ヘルシンキでも上演されている。歌手は朗々と歌う。

「オランゴはヒトのようなサル、人類とピテカントロプスの間の失われた環。二足歩行をした祖先と私たちをつなぐ猿人」

ディゴンスカヤは、ショスタコーヴィチ自身が『オランゴ』の筋書き作りに関わった可能性があると考えている。ヒトとサルとの種間交配の可能性については、ソ連国内の新聞も１９２０年代後半に記事にしていた。スフミの霊長類飼育施設はその焦点のひとつだった。報道で有名になったスフミの施設には、見学の客が引きも切らなかった。

その中に、ショスタコーヴィチもいた。

彼がスフミを訪れ、施設の案内係の説明に耳を傾けたのは１９２9年7月のことである。まさに、オランウータンのターザンによってイワノフが人工授精実験を再開しようとしていた夏のことだった。ソ連とイワノフは失敗したが、その文化的レガシーは、今もなお続いている。

18　ゲンザイバクダン、私たちの現在(２０１4年4月号)

戦時下、日本でも原爆研究はむろん口外無用の秘密計画だったが、ウラン爆弾という概念そのものは秘密でも何でもなかった。新聞や雑誌でも可能性の話として取り上げられており、軍機や思想をタネに人を引っ張るのが仕事のひとつだった当時の警察・内務省もとくに文句をつけたりはしなかった。1944年2月7日の第84帝国議会では、物理学者で貴族院議員を務めていた田中館愛橘が、核研究について政府に所見を訊ねる質問をしている。

ちなみに、もしも日本の科学研究と咸興そして北朝鮮の核開発の細い糸をたどるとしたら、それはまったく分野違いのところにある。ドイツに留学してヴォルフガング・オストヴァルト(ヴィルヘルム・オストヴァルトの息子)に学び、ハーマン・マーク(ヘルマン・マルク。独大手化学企業IGファルベンを経てウィーン大学教授。ハバククの章にも登場する)らの研究に触れて帰国した日本の高分子化学の泰斗・桜田一郎京都帝国大学教授は、1938年のカロザース(デュポン社)によるナイロンの発明に触発され、国産の合成繊維の開発に乗り出した。1939年にできた繊維は「合成一号」と名づけられた(取材にきた同盟通信社の記者から、記事にするには名前がないと困ると言われて慌ててつけた名前という)。のちに「ビニロン」という名前で呼ばれることになるこの繊維の開発に、桜田チームの中で中心になって取り組んだのが、助教授の李升基(1905〜1996)だった。

朝鮮・全羅南道出身の李は、日本の敗戦後に母国に戻り、朝鮮戦争でソウルが陥落した時に北へ渡る。そして咸興にビニロン(北朝鮮ではビナロンと呼ばれる)を量産する工場を完成させる。北朝鮮を代表する科学者となった彼は、その後同国の原子力開発の責任者に任命される。

余談だが桜田も原子力と縁があり、1967〜1976年に日本原子力研究所大阪研究所所長を務めた。ただし同研究所はもともと日本放射線高分子研究協会に所属しており、放射線を利用した化学反応を主な専門分野とした研究所である。

*

〔謝辞〕『科学』での連載と書籍化を担当していただいた猿山直美さん、続いて担当していただき本書をかたちにしてくださった辻村希望さん、そして『科学』編集長の田中太郎さんと、現代全書編集部の皆さんに心から感謝いたします。

岩波現代全書発刊に際して

いまここに到来しつつあるのはいかなる時代なのか。新しい世界への転換が実感されながらも、情況は錯綜し多様化している。先人たちは、山積する同時代の難題に直面しつつ、解を求めて学術を頼りに知的格闘を続けてきた。その学術は、いま既存の制度や細分化した学界に安住し、社会との接点を見失ってはいないだろうか。メディアは、事実を探求し真実を伝えることよりも、時流にとらわれ通念に迎合する傾向を強めてはいないだろうか。

現在に立ち向かい、未来を生きぬくために、求められる学術の条件が三つある。第一に、現代社会の裾野と標高を見極めようとする真摯な探究心である。第二に、今日的課題に向き合い、人類が営々と蓄積してきた知的公共財を汲みとる構想力である。第三に、学術とメディアと社会の間を往還するしなやかな感性である。様々な分野で研究の最前線を行く知性を見出し、諸科学の構造解析力を出版活動に活かしていくことは、必ずや「知」の基盤強化に寄与することだろう。

岩波書店創業者の岩波茂雄は、創業二〇年目の一九三三年、「現代学術の普及」を旨に「岩波全書」を発刊した。学術は同時代の人々が投げかける生々しい問題群に向き合い、公論を交わし、積極的な提言をおこなうという任務を負っていた。人々もまた学術の成果を思考と行動の糧としていた。「岩波全書」の理念を継承し、学術の初志に立ちかえり、現代の諸問題を受けとめ、全分野の最新最良の成果を、好学の読書子に送り続けていきたい。その願いを込めて、創業百年の今年、ここに「岩波現代全書」を創刊する。

（二〇一三年六月）

植木不等式

1958年東京生まれ．サイエンスライター．著書に『悲しきネクタイ』(地人書館／日本経済新聞社)，『スピリチュアルワールド見聞記』(楽工社)，『世紀末おとぎ話』(大和書房／アドレナライズ)．共著に『トンデモ本の世界』シリーズ．訳書に『イスラームと科学』(パルヴェーズ・フッドボーイ著，勁草書房)ほか．

岩波現代全書 071
ぼくらの哀しき超兵器――軍事と科学の夢のあと

2015年8月19日　第1刷発行

著　者　植木不等式《うえきふとうしき》

発行者　岡 本　厚

発行所　株式会社 岩波書店
〒101-8002 東京都千代田区一ツ橋2-5-5
電話案内 03-5210-4000
http://www.iwanami.co.jp/

印刷・三秀舎　カバー・半七印刷　製本・三水舎

ISBN 978-4-00-029171-2　　Printed in Japan

参考文献

序　ロッパとシュペーアと高周波爆弾

古川ロッパ：古川ロッパ昭和日記〈戦中編〉新装版，晶文社（2007）
勝利の日まで，映画演劇文化協会 キネマ写真館 http://kinema-shashinkan.jp/cinema/detail/-/1_1107（2015 年 2 月 26 日閲覧）
南博・佐藤健二編：近代庶民生活誌④流言，三一書房（1985）
第八十六回帝國議會衆議院豫算委員會議録（速記）第四回，昭和二十年一月二十四日（1945）
高見順：高見順日記（全 6 巻），勁草書房（1965）
大佛次郎：大佛次郎 敗戦日記，草思社（1995）
A. Speer: Erinnerungen, Ullstein Buchverlage Gmbh（1969/2005）品田豊治訳：第三帝国の神殿にて（上・下），中公文庫（2001）
W. Ley: V-2 Rocket Cargo Ship, in Raymond J. Healy and J. Francis McComas ed. Adventures in Time and Space, Random House（1946）
A. Frank: Het Achterhuis, Uitgeverij Contact（1947）
Hitlers Wunderwaffen—Raketen und Tarnkappenbomber, ZDFinfo Jul. 8（2012）http://www.zdf.de/zdfinfo/hitlers-wunderwaffen-5445394.html（accessed Feb. 26 2015）
Wunderwaffe aus der Klamottenfabrik, Spiegel Online, Sept. 4（2009）http://www.spiegel.de/einestages/zweiter-weltkrieg-a-949743.html（accessed Feb. 25 2015）
M. J. Neufeld: The Rocket and the Reich—Peenemunde and the Coming of the Ballistic Missile Era, Simon and Schuster（1995）
徳川夢声：夢声戦争日記，中央公論社（1960）
多田禮吉：特攻兵器 下 科學人の責務，朝日新聞，1945 年 6 月 30 日
瀬戸環・小島裕子編：むかし，みんな軍国少年だった，G. B.（2004）
高見順：高見順日記 第三巻，勁草書房（1965）
森正蔵：あるジャーナリストの敗戦日記 1945〜1946，ゆまに書房（2005）
高木俊朗：狂信——ブラジル日本移民の騒乱，ファラオ企画（1991）

1　ドイツ帝国対魔法の水

R. O. Collins; Eastern African history, Markus Wiener Publishers（1991）
J. Iliffe; A modern history of Tanganyika, Cambridge University Press（1979）
F. Becker: J. Afr. Hist., **45**（1）, 1（2004）
M. Wright: Maji Maji—Prophecy and Historiography, in David Anderson and Douglas Johnson ed., Revealing Prophets—Prophecy in East African History, Ohio University

Press・Fountain Publishers・East African Educational Publishers・James Currey Ltd (1995)
A. Einstein: Annalen der Physik, **18**, 639 (1905)

2 飛べ，鶴羽船！——大院君の飛行戦闘船

李圭泰：随想三題，アジア公論，Oct. (1986)
수도권교통본부 "Trafic talk 03" http://www.mta.go.kr/dataroom/story.jsp (accessed Nov. 18, 2010)
李成茂・金容権訳：朝鮮王朝史，日本評論社(2006)
朴齊烔述・斐次山評・那珂通世點：近世朝鮮政鑑 上，朝鮮学報(朝鮮学会)第五十九輯(1971)※1886年7月に東京の中央堂から出版されたものの復刻。合わせて掲載されている歴史学者・李光麟の解説論文によると，『近世朝鮮政鑑』は興宣大院君の政治力を評価する開化派の人士が執筆したもので，大院君時代の裏面史として貴重な史料だが，間違いも散見されいわゆる「野史」のひとつであるとされる。
김병륜：한국의 군사문화재 순례〈32〉면갑，국방일보，Mar. 23 (2004) http://kookbang.dema.mil.kr/kdd/GisaView.jsp?menuCd=2001&menuSeq=21&menuCnt=30917&writeDate=20040403&kindSeq=1&writeDateChk=20040323 (accessed Nov. 18, 2010)
李圭泰：신소재 방탄복—이규태의과학칼럼，Science Times (한국과학창의재단)，Dec. 25 (2005) http://www.sciencetimes.co.kr/article.do?todo=view&atidx=0000012557 (accessed Nov. 18, 2010)

3 象山のテクノリテラシー——破壊兵器と東洋思想

信濃教育會編：象山全集，信濃毎日新聞株式會社(1934)
津田左右吉：「易の研究」，津田左右吉全集第16巻，岩波書店(1965)
馬場粂夫：易の話 再刻，日立印刷所(1960)
前野喜代治：佐久間象山再考 —その人と思想と，銀河書房(1977)
松本健一：評伝 佐久間象山(上・下)，中央公論新社(2000)
東徹：佐久間象山と科学技術，思文閣(2002)
加地伸行編：易の世界，中公文庫(1994)
金谷治：易の話，講談社学術文庫(2003)

4 清末の超能力戦争

中國史學會主編：中國近代史資料叢刊 義和團，神州國光社(1951)
中国科学院歴史研究所第三所近代史資料編輯組：庚子記事，科学出版社(1959)

里井彦七郎：近代中国における民衆運動とその思想，東京大学出版会（1972）
三石善吉：中国，一九〇〇年，中公新書（1996）
野沢豊・田中正俊編集代表：講座中国近現代史／第 2 巻，東京大学出版会（1978）
牧田英二・加藤千代編訳：義和団民話集——中国の口承文芸 1，平凡社東洋文庫（1973）
澤田瑞穂：中国の庶民文藝——歌謡・説唱・演劇，東方書店（1986）

5　東條首相の「力学」

中谷宇吉郎：科学と社会，岩波書店（1949）
ゼロ戦の翼（ニセコアンヌプリ山頂着氷実験），倶知安町／倶知安風土館 http://www.town.kutchan.hokkaido.jp/culture-sports/kucchan-huudokan/kucchan-huudo/huudokan-zerosen/（accessed May 10, 2015）
“諦め”は必勝の敵だ 飛行機珍問答で志気鼓舞，朝日新聞，1943 年 2 月 6 日
第八十一回帝國議會 衆議院 戰時行政特例法案外二件委員會議録（速記）第三回，1943 年 2 月 5 日
ガリレオ・ガリレイ，青木靖三訳：天文対話（下），岩波文庫（1961）
東晃：雪と氷の科学者・中谷宇吉郎，北海道大学図書刊行会（1997）
半藤一利：昭和史 1926–1945，平凡社（2004）
東條輝雄談：父・東條英機に渡した青酸カリ，文藝春秋，Feb.（2005）
科學者 新春の夢 華府《ワシントン》を吹飛ばす 湯川博士の夢，朝日新聞，1945 年 1 月 8 日

6　おうい毒雲よ，どこまで行くんか——自由と正義と生物兵器

J. Bryden: Deadly Allies—Canada’s Secret War 1937–1947, McClelland and Stewart（1989）
M. Bliss: Banting—A Biography, University of Toronto Press（1992）
J. Guillemin: Biological Weapons—From The Invention Of State-Sponsored Programs to Contemporary Bioterrorism, Columbia University Press（2005）
D. Avery: The Science of War—Canadian Scientists and Allied Military Technology During the Second World War, University of Toronto Press（1998）
S. E. Hume: Frederick Banting—Hero, Healer, Artist, Dundurn（2000）

7　007 ハゲるのは奴らだ！——CIA の脱毛大作戦

G. A. Geyer: Guerrilla Prince—The Untold Story of Fidel Castro, Garrett County Press（2011）
A. R. De la Cova: The Moncada Attack—Birth of the Cuban Revolution, University of South Carolina Press（2007）

J. Rasenberger: The Brilliant Disaster—JFK, Castro, and America's Doomed Invasion of Cuba's Bay of Pigs, Scribner（2011）

M. M. Miller, T. L. Henthorne: Investment in the New Cuban Tourist Industry—A Guide to Entrepreneurial Opportunities, Quorum Books（1997）

Senate Select Committee to Study Governmental Operations with Respect to Intelligence Activities: Alleged assassination plots involving foreign leaders, U.S. Government Printing Office（1975）

G. Kay: Dying to be Beautiful—The Fight for Safe Cosmetics, Ohio State University Press（2005）

S. P. Lovell: Of Spies & Stratagems, Prentice Hall（1963）

D. Waller: Wild Bill Donovan—The Spymaster Who Created the OSS and Modern American Espionage, Free Press（2011）

C.I.A.—Maker of Policy, or Tool?, New York Times, Apr. 25（1966）

Jean-Hilaire Saurat et al.: Toxicological Sciences, **125**（1）, 310（2012）

J. T. Richelson: The Wizards Of Langley—Inside The CIA's Directorate Of Science And Technology, Westview Press（2002）

R. Wallace, H. Keith Melton, Henry R. Schlesinger: Spycraft—The Secret History of the CIA's Spytechs, from Communism to Al-Qaeda, Plume（2009）

C. Moran: J. Cold War Studies, **15**（1）, 119（2013）

8　月をぶっとばせ——米空軍の A119 計画

L. Reiffel: Nature, **405**, 13（2000）

L. Reiffel: A Study of Lunar Research Flights Vol I, Headquarters Air Force Special Weapons Center, Air Research and Development Command（1959）

P. Ulivi, David M. Harland: Lunar Exploration—Human Pioneers and Robotic Surveyors. Springer（2004）

W. J. Broad: U.S. Planned Nuclear Blast On the Moon, Physicist Says, New York Times, May 16（2000）

A. Barnett: US planned one big nuclear blast for mankind, Observer, May 14（2000）

B. Todd & Dugald McConnell: U.S. had plans to nuke the moon, CNN, Nov. 28（2012）

9　馬鹿が空母でやって来る——英国の「ハバクク」計画

R. Adleman & G. Walton: The Devil's Brigade, Naval Institute Press（2004）

J. D. Bernal: The World, the Flesh & the Devil—An Enquiry into the Future of the Three Enemies of the Rational Soul（1929）

A. Brown: J. D. Bernal—The Sage of Science, Oxford University Press（2005）

S. B. M. Langley: Operation Habbakuk—A World War II Vessel Prototype, Scientia Canadensis, **10**(2), 119 (1986)

J. Michell: Eccentric Lives and Peculiar Notions, Thames and Hudson (1984)

M. F. Perutz: I wish I'd made You angry earlier—Essays on Science, Scientists, and Humanity, Oxford University Press (2002)

M. F. Perutz: J. Glaciol., **1**(3), 95 (1946)

R. Richmond & T. Villemaire: Colossal Canadian Failures—A Short History of Things That Seemed Like a Good Idea at the Time, Dundurn (2002)

A. Tholuck: The Biblical Repository, **4**, 92 (1834)

American Chemical Society National Historic Chemical Landmarks: Foundations of Polymer Science—Herman Mark and the Polymer Research Institute, http://portal.acs.org/portal/PublicWebSite/education/whatischemistry/landmarks/polymerresearchinstitute/index.htm (accessed Mar. 25, 2013)

R. H. Carpenter: Rhetoric in Martial Deliberations and Decision Making—Cases and Consequences, University of South Carolina Press (2004)

Field Marshal Lord Alanbrooke: War Diaries 1939–1945 (paperback edition), University of California Press (2003)

Ocean Airports of Artificial Ice, Popular Science, **121**(3), 33 (1932)

T. Pocock: The Terror Before Trafalger—Nelson, Napoleon, and the Secret War, U.S. Naval Institute Press (2005)

10　動物兵士総進撃

J. M. Kistler: Animals in the Military—From Hannibal's Elephants to the Dolphins of the U.S. Navy, ABC-CLIO (2011)

C. Bishop: The Encyclopedia of Weapons of World War II, Sterling Publishing (2002)

B. F. Skinner: Am. Psychol., **15**(1), 28 (1960)

L. R. Gollub: J. Exp. Anal. Behav., **77**(3), 319 (2002)

J. Couffer: Bat Bomb—World War II's Other Secret Weapon, University of Texas Press (1992)

British Military Planned Chicken-Powered Nuke, The National Archives (U.K.), Apr. 5 (2004) http://www.nationalarchives.gov.uk/news/stories/21.htm (accessed Apr. 20, 2005)

J. Bondeson: Amazing Dogs—A Cabinet of Canine Curiosities, Cornell University Press (2011)

M. Fraas: A Rocket Cat? Early Modern Explosives Treatises at Penn, Unique at Penn/University of Pennsylvania Libraries blogs, Feb. 5 (2013) https://uniqueatpenn.word

press.com/2013/02/05/a-rocket-cat-early-modern-explosives-treatises-at-penn/ (accessed Mar. 11, 2014)
J. Merrill: Crimea's dolphin army—Navy SEALS are one thing, but an elite marine military unit?, Independent, Mar. 27 (2014)
Diver defense—Crimean military dolphins now train with Russian Navy, RT, Mar. 27 (2014)

11 晴れのち曇り時々破滅——気象兵器の夢

J. R. Fleming: Fixing The Sky—The Checkered History of Weather and Climate Control, Columbia University Press (2010) 鬼澤忍訳：気象を操作したいと願った人間の歴史，紀伊國屋書店(2012)
I. Colbeck: The Development of FIDO (Fog Intensive Dispersal Operation), in D. S. Ensor ed., Aerosol Science and Technology—History and Reviews, RTI International (2011)
J. R. Fleming: The Callendar Effect—The Life and Work of Guy Stewart Callendar (1898–1964), the Scientist Who Established the Carbon Dioxide Theory of Climate Change, American Meteological Society (2009)
G. S. Callendar: Q. J. Roy. Meteor. Soc., **64**(275), 223 (1938)
C. Landsea: Why don't we try to destroy tropical cyclones by nuking them?, National Oceanic and Atmospheric Administration http://www.aoml.noaa.gov/hrd/tcfaq/C5c.html (accessed Jul. 30 2014)
P. N. Edwards: B. Atom. Sci., **68**(4), 28 (2012)
H. J. Taubenfeld: California Law Review, **55**(2), 493 (1967)
Scientific Problems of Weather Modification, National Academy of Sciences (1964)
D. Krieg: Weather modification has opponents, Lancaster Farming, Nov. 13 (1976)
Saint-Amand—prototypical Magnificent Maverick—dies at 91, The News Review, Apr. 27 (2011) http://www.newsreviewiwv.com/zarchives/2011-04-27/2011-04-27-story-04.html (accessed Jul. 30 2014)
J. V. Ciani: Former Water Board member Saint-Amand dies at 91, Ridgecrest Daily Independent, Apr. 21 (2011) http://www.ridgecrestca.com/article/20110421/NEWS/304219995 (accessed Jul. 30 2014)
T. Steinberg: Acts of God—The Unnatural History of Natural Disaster in America, Oxford University Press (2000)
H. E. Willoughby et al.: Project STORMFURY—A Scientific Chronicle 1962–1983, Bull. Amer. Meteor. Soc., **66**(5), 505 (1985)
T. R. Wellock: Critical Masses—Opposition to Nuclear Power in California 1958–1978,

University of Wisconsin Press (1998)
Weather Modification—Hearings before the Committee on Commerce, United States Senate, Eighty-ninth Congress first and second sessions on S. 23 and S. 2916, Part 1, U.S. Government Printing Office (1966)
Weather Modification—Hearings before the Subcommittee on Oceans and International Environment of the Committee on Foreign Relations, United States Senate, U.S. Government Printing Office (1974)
M. Leitenberg: Studies of Military R & D and Weapons Development—Case Study 2 Weather Modification—The Evolution of an R & D Program into a Military Operation (1984), released at Federation of American Scientists website, updated Jun. 9 (2010) http://fas.org/man/eprint/leitenberg/weather.pdf (accessed Jul. 30 2014)
R. E. Doel & K. C. Harper: Osiris, **21**, 66 (2006)
S. C. Tucker: The Encyclopedia of the Vietnam War—A Political, Social, and Military History, ABC-CLIO (2011)
L. Rosner ed.: The Technological Fix—How People Use Technology to Create and Solve Problems, Routledge (2004)
Report of the Office of the Secretary of Defense Vietnam Task Force (Pentagon Papers), Evolution of the War. U.S. Ground Strategy and Force Deployments 1965–1967. Volume II Program 5 (1967), The U.S. National Archives http://media.nara.gov/research/pentagon-papers/Pentagon-Papers-Part-IV-C-6-b.pdf (accessed 30 Jul. 2014)
わが外交の近況・上巻・1977年版(第21号)，日本国外務省(1977)http://www.mofa.go.jp/mofaj/gaiko/bluebook/1977_1/s52-contents-1.htm (accessed Aug. 10 2014)
T. J. House et al.: Weather as a Force Multiplier—Owning the Weather in 2025, A Research Paper Presented To Air Force 2025 (1996)

12 メークラブ，ちょっとウォー——「愛」の軍事利用

Harassing, Annoyingm and “Bad Guy” Identifying Chemicals, Wright Laboratory, Jul. 1 (1994)
US military pondered love not war, BBC News, Jan. 15 (2005)
Sunshine Project Responds to Pentagon Statements on “Harassing, Annoyingm and ‘Bad Guy’ Identifying Chemicals”, Sunshine Project, Jan. 17 (2005) http://www.sunshineproject.org/publications/pr/pr170105.html (accessed Jun. 25 2007)
H. Plante: Pentagon Confirms It Sought To Build A ‘Gay Bomb’, CBS 5, Jun. 8 (2007)
J. Lenzer: BMJ, **335**(7623), 741 (2007)
S. Nadis: Nature, **449**(7163), 648 (2007)

M. Kosfeld et al.: Nature, **435**(7042), 673 (2005)
C. K. W. De Dreu et al.: Science, **328**(5984), 1408 (2010)
C. K. W. De Dreu et al.: Proc. Natl. Acad. Sci., **108**(4), 1262 (2011)
N. Magon & S. Kalra: Indian J. Endocrinol. Metab., **15**(Supplement3), 156 (2011)
J. Nolan: Wright-Patt to spend $1 million to test trust—Research lab focuses on measuring trust from hormone levels in blood, Springfield News-Sun, Feb. 17 (2012)
J. C. Christensen et al.: PLOS One, **9**(12), e116172 (2014)
Neuroskeptic: Oxytocin—Two New Reasons For Skepticism, Discover Blogs, Jan. 10 (2015) http://blogs.discovermagazine.com/neuroskeptic/2015/01/10/oxytocin-two-new-reasons-skepticism/ (accessed Jan. 30 2015)
M. Abrahams: "Gay bomb" research facility urges caution about "love hormone", Improbable Blog, Jan. 25 (2015) http://www.improbable.com/2015/01/25/gay-bomb-research-facility-urges-caution-about-love-hormone/ (accessed Jan. 30 2015)
A. Kelle et al.: Preventing a Biochemical Arms Race, Stanford University Press (2012)
A. Lyle: Women in service review rollout due January 2016, U.S. Department of Defense, Jan. 13 (2015) http://www.army.mil/article/141068/Women_in_service_review_rollout_due_January_2016/ (accessed Jan. 30 2015)
Department of Defense Fiscal Year 2014 Annual Report on Sexual Assault in the Military, Department of Defense (2015)
有島武郎：惜みなく愛は奪う，岩波文庫(1980)

13 起てデジタルものよ——チリのサイバーシン計画

E. Medina: Cybernetic Revolutionaries, MIT Press (2011)
S. ビーア，宮沢光一監訳：企業組織の頭脳——経営のサイバネティックス，啓明社(1987)
S. B. Liss: Marxist Thought in Latin America, University of California Press (1984)
J. Hanlon: New Scientist, **57**, 347 (1973)
J. Hanlon: New Scientist, **57**, 363 (1973)
W. G. バーチェット，内山敏訳：60年代のソ連(下)，岩波新書(1962)
テリー・ウィノグラード，フェルナンド・フローレス，平賀譲訳：コンピュータと認知を理解する，産業図書(1989)

14 黙って座ればピタリとスパイ？——諜報力と超能力

Letter to Professor J. B. Rhine from R. H. Hillenkoetter, Document Number CIA-RDP80R01731R003100150071-8, Central Intelligence Agency, Approved for release Jul. 26 (2003)

R. G. W. Kirk: J. Hist. Behav. Sci., **50**(1), 1 (2014)

J. B. Rhine: J. Parapsychol., **21**, 245 (1957)

J. B. Rhine: J. Parapsychol., **35**, 18 (1971)

J. B. Rhine & J. G. Pratt: Parapsychology—Frontier Science of the Mind (5th Printing), Charles C Thomas (1971)

M. Ebon: Psychic Warfare—Threat or Illusion?, McGraw-Hill (1983) 近藤純夫訳：サイキック・ウォー 恐怖のソビエト心霊兵器，現代史出版会／徳間書店 (1984)

R. McRae: Mind Wars, St. Martins Press (1984) 近藤純夫訳：マインド・ウォー 心霊兵器と世界最終戦争，現代史出版会／徳間書店(1984)

J. G. Pratt: Soviet Research in Parapsychology, in Benjamin B. Wolman ed.: Handbook of Parapsychology, Van Nostrand Reinhold (1977)

B. G. Rosenthal ed.: The Occult in Russian and Soviet Culture, Cornell University Press (1997)

S. Kernbach: Unconventional research in USSR and Russia—short overview, arXiv.org, Dec. 5 (2013) arXiv: 1312.1148 [cs.OH], http://arxiv.org/abs/1312.1148

Г. Ф. Плеханов: Тайны телепатии-Феномен Умного Ганса, Вече (2004)

В. П. Зинченко: Дать дорогу храбрецам!, Знак вопроса, 10 (1989) Библиотекарь.Ру http://bibliotekar.ru/znak/1089-1.htm (accessed Mar. 30 2015)

J. Nickell: The Mystery Chronicles—More Real-Life X-Files, University Press of Kentucky (2010)

S. Ostrander & L. Schroeder: Psychic discoveries behind the Iron Curtain, Bantam Books (1970)

Bibliographies on Parapsychology (Psychoenergetics) and Related Subdects—USSR—, U.S Joint Publicatopns Research Service, Mar. 28 (1972)

J. D. LaMothe: Controlled Offensive Behavior—USSR, U.S. Army Office of the Surgeon eneral Medical Intelligence Office/Defence Intelligence Agency, July (1972)

J. T. Richelson: The Wizards of Langley—Inside the CIA's Directorate of Science and Technology, Westview Press (2002)

J. Schnabel: Remote Viewers—The Secret History of America's Psychic Spies, Dell Publishing (1997) 高橋則明訳：サイキック・スパイ，扶桑社(1998)

J. L. Wilhelm: The Search for Superman, Pocket Books/Simon & Schuster (1976)

J. D. Moreno: Mind Wars—Brain Science and the Military in the 21st Century, Bellevue Literaly Press (2012) 久保田競監訳，西尾香苗訳：マインド・ウォーズ 操作される脳，アスキー・メディアワークス(2008)※2006年刊のDana Press版からの翻訳。

R. Targ & H. Puthoff: Nature, **251**, 602（1974）

C. T. Tart et al.: Nature, **284**, 191（1980）

D. Marks: The Psychology of the Psychic 2nd ed., Prometheus Books（2000）

K. A. Kress: J. Sci. Explor., **13**, 69（1999）※Original report was first published in the CIA's classified internal journal "Studies in Intelligence" in 1977.

H. E. Puthoff: J. Sci. Explor., **10**, 63（1996）

R. Targ & H. Puthoff: Mind-Reach, Hampton Roads Publishing Company（2005）Originary published by Delacorte Press/Eleanor Friede（1977）猪股修二訳：マインド・リーチ，集英社（1978）

W. E. Colby: Security in an Open Society, National Security Agency（1973）

D. Stillman: An Analysis of a Remote-Viewing Experiment of URDF-3, Los Alamos Scientific Laboratory, Dec. 4（1975）

V. P. Zinchenko et al.: Soviet Psychol., **12**(3), 3（1974）

A. Gregory: Crackdown on parapsychology, New Scientist, Feb. 13（1975）

J. B. Alexander: Military Review, **60**(12), 47（1980）

P. H. Smith: Reading the Enemy's Mind, Tom Doherty Associates（2005）

D. Druckman & J. A. Swets ed.: Committee on Techniques for the Enhancement of Human Performance, National Research Council: Enhancing Human Performance Issues, Theories, and Techniques, National Academy Press（1988）

J. A. Swets & R. A. Bjork: Psychol. Sci. **1**, 85（1990）

M. D. Mumford et al.: An Evaluation of Remote Viewing—Research and Applications, American Institutes for Research（1995）

M. Shermer: Skeptic Magazine **6**(2), 94（1998）

J. Utts: J. Sci. Explor., **10**, 3（1996）

A. Rossman: J. Stat. Educ., **22**(2)（2014）

K. Alibek: Biohazard, Dell Publishing（1999）山本光伸訳：バイオハザード，二見書房（1999）

C. Птичкин: Тайна под номером 10003, Российская газета, Dec. 30（2009）

B. Рубель: Тайные пси-войны России и Америки—от Второй мировой до наших дней, ЛитРес（2013）

E. C. May et al.: Esp Wars—East and West: an Account of the Military Use of Psychic Espionage As Narrated by the Key Russian and American Players, Laboratories for Fundamental Research（2014）

J. Ronson: The Men Who Stare at Goats, Picador/Simon & Schuster（2004）村上和久訳：実録・アメリカ超能力部隊，文春文庫（2007）

G. Heslov (director): The Men Who Stare at Goats, BBC Films（2009）邦題『ヤギと男

と男と壁と』配給・日活
I. Hacking: Isis, **79**(3), 427 (1988)
D. Trafimow & M. Marks: Basic Appl. Soc. Psych., **37**(1), 1 (2015)
C. Woolston: Nature, **519**, 9 (2015)
J. Utts: Stat. Sci., **6**(4), 363 (1991)

15　魅惑のデス・レイ

A. Boese: Professor Wingard's Nameless Force 1876, The Museum of Hoax, http://www.museumofhoaxes.com/hoax/archive/permalink/professor_wingards_nameless_force (Accessed 30 Mar. 2014)
A Ray Hoax: The Queenslander (Brisbane), 17 Aug. (1933)
M. J. Nye: Historical Studies in the Physical Sciences, **4**, 163 (1974)
S. R. Weart: Nuclear Fear—A History of Images, Harvard University Press (1988)
Invention of an Italian may put an end to war, New York Times, June 21 (1914)
D. Zimmerman: Britain's Shield—Radar and the Defeat of the Luftwaffe, Amberley Publishing (2001)
八木秀次：所謂殺人光線に就て，日本學術協會報告第二巻(1927)
J. Foster: The Death Ray—The Secret Life of Harry Grindell Matthews, Inventive Publishing (2009)
S. Vaughn: Cinema and National Defense (J. Garry Clifford, Theodore A. Wilson ed.: Presidents, Diplomats, and Other Mortals—Essays Honoring Robert H. Ferrell), University of Missouri Press (2007)
S. Vaughn: Ronald Reagan in Hollywood—Movies and Politics, Cambridge University Press (1994)
Death Ray Stops Motor, Modern Mechanics, May (1929)
Distant Mine Fired by German "Death Ray", Popular Science, Dec. (1931)
Inventor Hides Secret of "Death Ray", Popular Science, Feb. (1940)
James Jessen Badal: In the Wake of the Butcher—Cleveland's Torso Murders, Kent State University Press (2001)
"Death Ray" May Outlaw War, Modern Mechanix, Oct. (1936)
Shot by the "Monster" of his own creation, Ogden Standard Examiner, Oct. 23 (1932)
Ray of Death Kills at 6 Miles, Modern Mechanix, Aug. (1935)
Death ray can't be used for war; Will aid science, Gettysburg Times, Oct. 25 (1939)
W. B. Carlson: Tesla—Inventor of the Electrical Age, Princeton University Press (2013)
R. V. Jones: Most Secret War—British Scientific Intelligence 1939–1945, Penguin UK (2009)

Can Inaudible Sounds Kill?, Popular Mechanics Magazine, **47**(5), 705, May (1927)

S. R. Wilk: How the Ray Gun Got Its Zap—Odd Excursions Into Optics, Oxford University Press (2013)

16 地震は兵器だ！

Voltaire, Poème sur le désastre de Lisbonne (1756)

大日本雄辨會講談社編：大正大震災大火災，大日本雄辨會講談社(1923)

Improved Weapons in European Warfare, Scientific American, **23**(7), 103 (1870)

Fleischer Studios: Electric Earthquake, Paramount Picture (1942)

平田森三：地殻から紐育爆砕 指向性弾性波の構想，科学朝日，1943 年 8 月号

10-megaton quake, B. Atom. Sci., **45**(10), 51 (1989)

Stockholm International Peace Research Institute: SIPRI yearbook 1976, Oxford University Press (1976)

T. D. J. Leech: The Final Report of Project "SEAL", Department of Scientific and Research (New Zealand) (1950)

17 マルクス，モン・アムール——旧ソ連の猿人創造計画

K. Rossiianov: Science in Context, **15**, 277 (2002)

A. Etkind: Stud. Hist. Phil. Biol. Biomed. Sci., **39**, 205 (2008)

J. Cohen: Almost Chimpanzee—Searching for What Makes Us Human, in Rainforests, Labs, Sanctuaries, and Zoos, Times Books (2010)

C. D. L. Wynne: Int. J. Primatol., **29**, 289 (2008)

E. P. Fridman & R. D. Nadler (eds.): Medical Primatology—History, Biological Foundations and Applications, Taylor and Francis (2002)

K. Souza et al. (eds.): Life into Space—Space Life Sciences Experiments, NASA Ames Research Center 1965–1990, National Aeronautics and Space Administration (1995)

SOVIET BACKS PLAN TO TEST EVOLUTION; Experiments to Be Carried Out at Pasteur Institute in Kindia, Africa. SUPPORT HERE IS ALLEGED Lawyer for the American Atheistic Society Tells of Project and Will Go to Observe It, New York Times, June 17 (1926)

Seeks to Produce Hybrid Between Man and Great Ape, The Citizen Advertiser (Auburn, N.Y.), Dec. 30 (1932)

J. P. Jackson Jr.: Science for Segregation—Race, Law, and the Case against Brown v. Board of Education, New York University Press (2005)

A. Boise: Electrified Sheep, St. Martin's Press (2011)

E. Seibold & I. Seibold: Int. J. Earth Sci., **99**(1 Supplement), 3 (2010)

O. Digonskaya: Interruted masterpiece—Shostakovich's opera Orango, Pauline Fairclough ed. Shostakovich Studies 2, Cambridge University Press (2010)

18 ゲンザイバクダン，私たちの現在——戦争末期の幻の和製原爆

D. R. Rider: Hog Wild-1945—The True Story of How the Soviets Stole and Reverse-Engineered the American B-29 Bomber, Bookstand Publishing (2012)
G. P. Hunt: Our resident Count Dracura, Life, May 23 (1969)
山本洋一：日本製原爆の真相，創造(1976)
福井崇時：日米の原爆製造計画の概要，アルス文庫，学術文化同友会：アルスの会(2007) http://viva-ars.com/bunko/fukui/fukui-6a.pdf/ (accessed Dec. 17 2013)
山崎正勝：日本の核開発：1939〜1955——原爆から原子力へ，績文堂出版(2011)
保阪正康：日本の原爆 その開発と挫折の道程，新潮社(2012)
B. C. Dees: The Allied Ocupation and Japan's Economic Miracle: Building the Foundation of Japanese Science and Technology 1945–52, Routledge (1997) 笹本征男訳：占領軍の科学技術基礎づくり 占領下日本 1945〜1952，河出書房新社(2003)
トーマス・コッフィ，佐藤剛・木下秀夫訳：日本帝国の悲劇，時事通信社(1971)
D. Shapley: Science, **199**, 152 (1978)
M. W. Browne: Japanese Data Show Tokyo Tried To Make World War II A-Bomb, The New York Times, January 7 (1978)
E. Y. Shizume & D. J. de Solla Price: B. Atom. Sci., **18**(9), 29 (1962)
C. Weiner: B. Atom. Sci., **34**(4), 10 (1978)
J. W. Dower: Bulletin of Concerned Asian Scholars, **10**, 41 (1978) 明田川融監訳：昭和戦争と平和の日本，みすず書房(2010)所収
C. T. O'Reilly & W. A. Rooney: The Enola Gay and the Smithsonian Institution, McFarland (2005)
理化学研究所：理化学研究所におけるウラン濃縮に関する研究，理化学研究所ニュース，9(1969)
飯盛里安：研究余談 終戦前のウラン資源，理化学研究所ニュース，理化学研究所ニュース，25 3(1970)
S. A. Goudsmit: Alsos, American Institute of Physics (1996) Originary published by Henry Schuman (1947) 山崎和夫・小沼通二訳：ナチと原爆——アルソス：科学情報調査団の報告，海鳴社(1977)
R. K. Wilcox: Japan's Secret War, Marlowe (1995)
W. E. Grunden: Intelligence and National Security, **13**, 32 (1998)
F. Barnaby & S. Burnie: Thinking the Unthinkable—Japanese nuclear power and proliferation in East Asia, Oxford Research Group and Citizens' Nuclear Information Center.

日本の核武装と東アジアの核拡散，原子力資料情報室・オックスフォード研究グループ(2005)
Борис Дрогин: Как СССР спас США от ядерного нападения японцев, Конкурент.ru, 5 июня (2013) http://www.konkurent.ru/list.php?id=4164 (accessed Jun 15 2013)
理化学研究所：歴史秘話 サイクロトロンと原爆研究(前編)，理研ニュース，297(2006) 同(後編)，理研ニュース，298(2006)
第八十四回帝國議会貴族院議事速記録第十號，官報號外，1944 年 2 月 8 日
桜田一郎，荒井溪吉：日本独自の合成繊維“ビニロン”発見者は語る，科学讀賣，1960 年 3 月号